美国心理学会情绪管理自助读物
成长中的心灵需要关怀·属于孩子的心理自助读物

# 情绪低落，怎么办？
## 青少年应对抑郁情绪指南

Depression
A Teen's Guide to Survive and Thrive

（美）杰奎琳·B. 托纳（Jacqueline B. Toner）
（美）克莱尔·A. B. 弗里兰（Claire A. B. Freeland） 著
郭菲 译

·北京·

Depression:A Teen's Guide to Survive and Thrive, by Jacqueline B.Toner, PhD and Claire A.B.Freeland, PhD.
ISBN 978-1-4338-2274-2
Copyright © 2016 by the Magination Press, an imprint of the American Psychological Association(APA).
This Work was originally published in English under the title of: *Depression:A Teen's Guide to Survive and Thrive* as a publication of the American Psychologial Association in the United States of America. Copyright © 2016 by the American Psychological Association(APA).The Work has been translated and republished in the **Simplified Chinese** language by permission of the APA. This translation cannot be republished or reproduced by any third party in any form without express written permission of the APA. No part of this publication may be reproduced or distributed in any form or by any means, or stored in any database or retrieval system without prior permission of the APA.

本书中文简体字版由 American Psychological Association 授权化学工业出版社独家出版发行。

本版本仅限在中国内地（不包括中国台湾地区和香港、澳门特别行政区）销售，不得销往中国以外的其他地区。未经许可，不得以任何方式复制或抄袭本书的任何部分，违者必究。

北京市版权局著作权合同登记号：01-2017-4735

### 图书在版编目（CIP）数据

情绪低落，怎么办？——青少年应对抑郁情绪指南/（美）杰奎琳·B.托纳（Jacqueline B.Toner），（美）克莱尔·A.B.弗里兰（Claire A.B.Freeland）著；郭菲译 .—北京：化学工业出版社，2018.8（2025.4重印）

（美国心理学会情绪管理自助读物）

书名原文：Depression:A Teen's Guide to Survive and Thrive

ISBN 978-7-122-32214-2

Ⅰ.①情… Ⅱ.①杰…②克…③郭… Ⅲ.①抑郁－自我控制－青少年读物 Ⅳ.①B842.6-49

中国版本图书馆CIP数据核字（2018）第103600号

---

责任编辑：战河红　肖志明　　　　　　装帧设计：江晶洋
责任校对：宋　夏

---

出版发行：化学工业出版社（北京市东城区青年湖南街13号　邮政编码100011）
印　　装：中煤（北京）印务有限公司
710mm×1000mm　1/16　印张8½　字数90千字　2025年4月北京第1版第8次印刷

---

购书咨询：010-64518888　　售后服务：010-64518899
网　　址：http://www.cip.com.cn
凡购买本书，如有缺损质量问题，本社销售中心负责调换。

---

定　　价：39.80元　　　　　　　　　　　　　　　　版权所有　违者必究

## 少年也识愁滋味

  青少年时期是人生中一段走向成熟,生理、心理、社会角色都会经历迅速变化的时期,不论是体力还是智力水平,都会比之前有长足的发展。"自古英雄出少年",青少年的创造力和对问题的见解很多时候令成年人叹为观止,自叹弗如。在这个时期,他们常常会得到很多的溢美之词,风华正茂、朝气蓬勃、意气风发,也给这个时期增添了一种充满希望的浪漫色彩。

  然而青少年自身的体验,也许并没有那么美好和轻松。就像破茧成蝶,在向成年过渡的阶段,他们不得不承受生理的巨大变化,而其中大多是非常陌生的,有些是他们自己可以看到的,如身高的增长、身体的发育。当青少年环顾四周,好奇地把自己身体的变化和同龄人进行比较时,可能会担心自己的发育是不是太慢或者太快了?自己是正常的吗?他们对自己的身体和外貌更为敏感,而青春痘却偏偏可能"不识时务"地出现了。还有些是他们看不到的、在身体内部进行着的改变,如激素或荷尔蒙分泌的变化,性激素的上升对大脑中某些区域或结构活动的影响,或许让他们更容易被激怒或感到生气。他们的大脑也需要时间来逐渐成熟,负责控制冲动行为、周全考虑问题、周密计划并执行等这些功能的主要大脑区域一般会一直发育到二十几岁。不过另一方面,理解和抽象思维能力在这个阶段也飞速发展,让青少年比小时候更能进行批判性思考,不过这种更高级的思维能力除了让他们更有自信去挑战权威,还会去挑剔自己!

  随着生理和身体的成熟,青少年的自我意识也逐渐提升,似乎有一种使命感去探索"我是谁""我要成为什么样的人",他们会逐渐地形成自己的价值观,成为自己。而学校、老师、父母、亲人似乎也有了不同以往的要求和期望。包括青少年自己在内的所有人似乎都在为他们的"未来"而厉兵秣马,不同的观点也涌向他们。大众传媒包括互联网也让生活在这个时代的青少年在开阔视野的同时,暴露于信息超载的风险,追求什么、穿什么、和谁成为一类人、周围人的看法、被贴上的标签等,都可能给他们带来压力。

  而所有这些压力和挑战可能会让青少年的心理健康面临风险。抑郁是青少年时期比较突出的情绪问题之一,从青春期开始,青少年的抑郁情绪(尤其是女孩)会有明显的上升,有研究表明,约有5%的青少年出现过明显的抑郁问题,综合不同国家或地区的情况,青少年存在抑郁障碍的比例达到2.6%。而抑郁与其他青少年的问题（如自杀、自伤、学业困难）也存在明显关系。由于抑郁是一种内在的情绪和情感体验，周围的人更难去发现，因此如何让青少年对自己的抑郁情绪有所察觉，认识抑郁的主要表现，了解其风险因素，掌握适当方式和方法去应对抑郁问题，学会使用资源来预防和摆脱抑郁，是至关重要的！

作为从事发展心理学的研究者，青少年的情绪和行为发展是我的主要研究领域之一，因此一直以来我会格外关注有没有什么切实可行又易于理解和操作的方法是针对青少年这个群体的，他们可以通过知晓和掌握这些方法去了解并应对抑郁。机缘巧合，我受邀来翻译这本书。作为一本手册性的书，它非常注重实用性，通俗易懂，便于青少年对照自己来认识和采取相应的措施去应对自己的抑郁问题或可能的抑郁风险。在第1章，青少年可以了解到抑郁是什么，抑郁可能形成的原因或影响因素有哪些。在第2章，青少年可以了解到何时、向谁、怎样求助，以及如果接受心理咨询或治疗会发生什么。当青少年出现抑郁问题的时候，了解自己的状态并及时向周围的人（包括老师、父母、学校心理老师、心理咨询师或治疗师等专业人士）寻求帮助是至关重要的。在第3章，介绍了造成抑郁形成和恶化的过程，在抑郁产生和加重的过程中青少年的想法、感受和行为三个方面是如何相互影响和协作的。第4章和第5章针对前面提到与抑郁有关的想法、感受和行为，青少年可以了解并做出行为和思维上的调整，这对于打破抑郁的恶性循环有重要作用。接下来的几章，从第6章到第10章，分别从问题解决的技巧、处理难题、掌握自我放松的方法、了解自己的优势并形成团队的力量等几个方面，具体介绍了一些青少年可以轻松掌握、用来对抗抑郁的技巧和方法。最后一章，是对本书内容的回顾、概括和提炼，可以让青少年更为清晰地了解自己在摆脱抑郁、重获心理健康过程中可以做些什么。为了便于青少年使用这本书，在每章的最后还特别增加了自我记录和内容要点的模块。

作为一名青少年心理健康的研究者和工作者，我诚挚地希望这本书能为在抑郁泥沼中苦苦挣扎的青少年带来摆脱困境的力量和可用的工具，也能为那些担心或徘徊于抑郁边缘的青少年提供远离抑郁的方法。

感谢本书的作者，感谢编辑的辛勤工作，共同的努力让这本书可以和大家见面！

祝福处于这个时期的青少年，相信他们即使识了"愁滋味"，当一切过去，仍能微笑着向着阳光走去！

郭 菲

中国科学院心理研究所

2018年6月

# 目 录

致读者的一封信　/ 001

**第1章　抑郁是什么**　/ 006
　　为什么抑郁会影响青少年　/ 010
　　抑郁的五大风险因素　/ 015

**第2章　如何寻求帮助**　/ 019
　　需要专业帮助的信号　/ 020
　　如何获得帮助　/ 021
　　如何治疗　/ 023

**第3章　抑郁的怪圈**　/ 028
　　了解大脑和身体的关系　/ 029
　　每个人的情绪反应并不相同　/ 030
　　抑郁怪圈的形成　/ 031
　　识别自己的触发点　/ 034
　　想法：触发点和感受之间的关键联结　/ 036

**第4章　行为对抑郁的影响**　/ 040
　　抑郁行为对生活的影响　/ 041
　　识别六种抑郁行为　/ 042
　　了解正强化和负强化　/ 045
　　行为和抑郁的强化　/ 046
　　改变行为的方程式　/ 047
　　确定价值观并设定个人目标　/ 048
　　从个人目标到行为　/ 050
　　积极主动的行为　/ 051

## 第 5 章　思维对抑郁的影响　/ 055
抑郁的想法来自哪里　/ 056
识别十种抑郁思维　/ 057
挑战抑郁思维　/ 064
对抑郁思维的思考——反刍思维　/ 068

## 第 6 章　有效地解决问题　/ 071
有效解决问题的六步骤　/ 073
有效解决问题的障碍　/ 075
克服愤怒的障碍　/ 076

## 第 7 章　积极地应对　/ 084
积极主动地制订应对策略　/ 085
制订适合自己的应对策略　/ 087

## 第 8 章　照顾好自己　/ 091
照顾好自己的五种方式　/ 092

## 第 9 章　发挥自己的优势　/ 103
评估自己的优势　/ 104
如何发挥自己的优势　/ 108

## 第 10 章　发挥团队的力量　/ 114
确定谁可以支持你　/ 115
如何获得支持　/ 116
哪些情况需要获得支持　/ 119

## 第 11 章　坚持下去，好好生活　/ 124

## 附录　/ 128

# 致读者的一封信

作为一名青少年,你会获得大量的信息和指导。如果你参加了学习技能的课程,你的老师一定会在如何完成项目或如何更好地记忆信息方面给你很多建议;如果你正面临大学的入学考试,你很可能会获得一些如何理解难题或如何推断出答案的建议。这样的例子还有很多,是吧?

但是,在如何处理一些困难的情绪方面,你可能得不到指导。似乎别人想当然地认为你理所应当地就知道怎样应对你遇到的所有变化和挑战,但其实缺少这样的指导可能会很难,因为你正处于一个容易抑郁的年纪。人们经常用"抑郁"这个词来描述短暂的情绪,也会用这个词来称呼那些对生活中很多方面造成干扰的、更严重和更持久的问题,在本书中我们关注的是后者。

如果你像你的大多数同龄人那样,你可能听说过抑郁,甚至可能对它有一些基本的了解。但是如果你正经历着抑郁,那么你就需要对它有更深入的了解。更重要的是,你还会学到如何中断抑郁、应对抑郁和避免抑郁。我们认为应该有本书是专门为你准备的,为你解释抑郁是什么,抑郁是如何对你产生不利影响的，以及预防抑郁的有效方法或者如果你已经抑郁了，要如何照顾好自己。

## 这本书是为你写的吗？

你选择这本书可能是因为你正身处困境或处在糟糕的情绪中，或者你只是对曾经听说过的抑郁感到好奇，也可能这本书是你的家长、老师、学校的心理老师或其他成年人送给你的。也可能是你已经知道自己抑郁了，你正在接受心理治疗或咨询，你的治疗师认为本书里的一些观点能够帮到你。很有可能的是，如果你正在读这本书，你或者其他人想知道你是不是正在和抑郁进行抗争。

我们希望本书中的这些内容可以帮你回答这个问题。我们会先从一些基本的信息开始，比如抑郁是什么。接下来也会包含一些你可能会觉得有意思的信息，比如在你抑郁时你的大脑和情绪扮演了怎样的角色。了解抑郁是什么以及它是从哪来的，能够帮助你理解抑郁是如何影响你的生活的，也能帮助你知道抑郁的原因有多种，有时候这些原因甚至是同时出现的。而每个人的经历又是独特的，我们希望这些信息可以帮助你了解你正在经历着什么，如果你决定与你信任的成年人谈论这些问题，你也能知道如何去说。

我们相信对抑郁有更好的理解可以帮助你去处理问题，但是这本书并不能代替专业帮助。抑郁的时候，能坚持下去并做出改变也是很困难的，重要的是要有一个可以帮你参谋的治疗师并能指导你。如果你感觉情绪非常低落，甚至有了自杀的想法，你首先要做的就是马上去寻求专业的帮助。如果你找不到一个可以信赖的成年人，你可以告诉你的医生、打急救电话或去医院的急诊室以马上得到帮助。

## 如何使用本书

当然，如果你正在和抑郁抗争，你想要的就不只是了解抑郁，而是让它消失！尽管我们无法提供一个快速解决的方法，我们会尝试帮助你了解你的行为、想法和感受是如何相互作用而把你困在一个抑郁的怪圈里。除了帮你了解这个会让你感到被困在里面的怪圈，我们还会提出一些建议如何打破它。这里解释的很多观点都来源于认知行为疗法（CBT），研究显示，这种疗法在对抗抑郁方面是很有效的。

很多经历抑郁的青少年都有一种失控的感觉，就像在过山车上却下不来，也许你也有过这样的体验。我们希望能够提醒你，你每天做的那么多的决定会让发生在你身上的事情变得不同。你可能会惊讶，几个重要的改变可以让你的情绪状况、你对自己的看法、你与周围世界的关系都产生巨大的不同。我们的目标是让你可以为自己做主！

**向自己承诺**。学习和任何形式的改变都是困难的。改变抑郁的想法和行为不会在一夜之间发生。真的改变是需要时间和努力的。要能从本书中受益，你需要对自己做一个承诺，去尝试新的想法和行为。幸运的是，我们知道每天花20分钟来学习和练习书中列出来的方法可以产生大的变化，而且这种变化是持久的。

**阅读本书**。读这本书当然是很重要的，但我们并不建议你像读教科书那样按顺序从头读到尾。花些时间，读一部分，然后放一段时间。这个暂停会让你想想你之前读了哪些内容，同时确定这些信息和你有什么关系。虽然这些方法并不复杂，但是需要花一些时间来观察它们是怎样反映在你的生活中的。在你的生活中，从旧习惯到新习惯的改变是逐渐发生的。慢慢地逐步使用这本书，能让你在新的方法中观察自己，并去尝试不同的想法和行为。

**做练习**。我们准备了一些小测试、问题和练习。阅读本书，你需要花些时间完成这些练习，并记下来它们是怎么让你产生了从小到大的变化的。如果你正在接受治疗，你的治疗师可能会和你一起进行一些练习，甚至会对这些练习做一些调整以使它们更适合你。

**写日记**。读这本书可以给你很多新的方式去理解和应对抑郁，但是我们认为写日记是一个有效的补充。写日记可以帮助你对自己有更好的觉察，也能让你有计划地记录你觉得有用的变化，同时记下这些变化对你的生活的影响。写日记让你可以之后回过头来看看哪些对你是有用的，也能帮助你进步，这会极大地提升你的自信心。在你使用这本书时，你可以对你尝试的练习做一些笔记，记下你觉得对你最有帮助或最令你惊讶的那些练习。

## 坚持下去，好好生活

生活有时就像是过山车，但是你可以学习并掌握对情绪能产生积极影响的思维和行为的技巧，如此你就能够保持平衡。如果你学会能让自己平静下来并重新关注自己，你就可以应对挑战。当你学会能从你的经历中不断积累成功的经验，参加更多有趣的和值得的活动，与别人建立关系，设定目标，并发挥你的个人优势时，你就可以享受这个坐过山车的过程了。这本书的内容会帮助你学习一些策略和技巧，保护好你自己，免遭抑郁的侵袭。

### 写日记的方法

想一个写日记的计划。决定你什么时候有时间和精力会花几分钟把注意力只放在自己身上。上床睡觉时你能放松和思考吗？课间休息和课后活动时呢？你更喜欢手写还是在电脑或手机上记东西呢？

### 概括总结

1.在读这本书时最好分割成几块，让你自己有时间去思考书里的信息，并把这些观点吸纳到你的新的思维、行为和感受中。最好不要费力地一口气就读完整本书。

2.没必要把所有的练习都做了，但是它们是专门为帮助你掌握新技能设计的。和锻炼身体一样，增强情绪的力量也需要花时间去练习。

3.单纯靠读这本书是不能治疗抑郁的，不过我们希望它对你有所帮助。

# 第1章
# 抑郁是什么

在我们的生活中，经常会用到抑郁这个词，但是人们在说抑郁的时候，所指的并不总是同一个意思。有时候人们说的抑郁可能真正的意思是很悲伤、很难过。当人们遇到令人失望、失落的事情或者被拒绝时，悲伤是一个正常和必要的情绪。悲伤是对所发生事情的一种短暂的反应，比如当朋友对你说了难听的话或者你在考试中成绩不理想时；即使是不幸的事件，比如死亡，悲伤也会随着时间而慢慢变淡。

抑郁则不同。当一个人抑郁时，除了悲伤之外，还会感到其他情绪，比如自责、羞耻、自我厌弃或者愤怒。抑郁持续的时间往往很长，甚至会越来越严重。对于一些人，抑郁可能会有所好转，但之后会再次出现。悲伤的人可以明确地指出导致这种感觉的具体事件，但是对什么引起了抑郁却可能更难确定。有时抑郁是突然发生的，而当事人可能并不知道原因，即使他们可以确定一个引发抑郁的事件，他们的反应似乎也与这个事件并不相符；或者是在这个触发抑郁的事件已经过去很久了，抑郁的情绪仍然存在。

尽管每个人都会有情绪低落的时候，但是对于一些人，抑郁的感觉、想法和行为会带来严重的问题。抑郁可以对日常生活中很多基本方面造成干扰，比如学习、友谊、家庭关系、日常活动甚至是享受生活。当这种情况发生时，这个人可能就出现了抑郁障碍。

怎样能知道你正经历的是正常的悲伤还是抑郁的信号呢？心理学家、治疗师或医生可以帮助你诊断抑郁障碍。根据不同的情况，有很多不同的抑郁诊断方法。仔细地判断有助于找到最有效的治疗类型。

> **更多关于诊断的内容** ▶▶▶
>
> 根据美国精神医学学会(American Psychiatric Association)的《精神障碍诊断与统计手册》(第五版)(*Diagnostic and Statistical Manual of Mental Disorders*, Fifth Edition),抑郁障碍有几种不同的类型。你可以在本书最后的附录中找到这些分类。

不论你是否出现符合诊断标准的抑郁障碍,本书的目的是帮助你学习那些健康和有效的思维方式和行为。那么要应对抑郁,你需要知道些什么呢?让我们从了解抑郁的更多特点开始吧。

**抑郁包含了情绪。** 处在抑郁中的人可能会感觉悲伤、绝望、挫败、焦虑、不安全、易怒、一无是处,或者还有其他负面情绪。他们可能觉得"很烦",觉得不再有希望或幸福感了,对以前感兴趣的事情也觉得没意思了。这些情绪可能在某种程度上来了又去、反反复复的,但是更多时候它们一直存在:这些情绪在大多数日子的大多数时间都会出现,可能会持续几个星期甚至更长的时间。

**抑郁包含了行为。** 一个人抑郁的时候,这些情绪是内在的,但是他很可能会同时有一些抑郁的行为,别人会注意到这些行为。在抑郁的时候,他可能会对别人发脾气或变得退缩,可能会因为很难集中注意力而导致学习成绩急剧下滑。

抑郁的行为包括:

- 很爱哭。
- 表现得很疲劳。
- 不能专心或集中注意力。

- 难以做出决定。
- 睡眠出现问题（睡得太少或太多）。
- 对活动失去兴趣。
- 对朋友失去兴趣或不再想和他们相处。
- 选择那些有同样问题的新朋友。
- 待在自己的房间里。
- 对人没有耐心。
- 很容易发脾气。
- 食欲发生变化（体重减少或增加，并非是故意减重或增重）。
- 想死或自杀。

## 给你的帮助

**很重要的信息：关于自杀**

严重抑郁时，自杀的念头似乎会永远持续下去，但其实不会。无论你面临什么样的问题和挣扎，总会有人关心你，想要帮助你。

我们理解有时候生活会很痛苦，你想要结束这种痛苦。但自杀不是办法，治疗才是。那些想过自杀但最后有机会获得帮助的青少年曾说过，他们特别高兴没有做出自杀的行为。当你身处危机时，很难看到能解决的办法，但有人知道怎么做，治疗是有用的。

如果你正有自杀的想法，很重要的是要知道这些想法是什么：它们是一种可以治愈疾病的症状。但它们并不是真实的，也不是你的错。请马上把自杀的念头告诉别人。

> 我们鼓励你做一个安全计划，一些当你处在自杀危机时你承诺会遵守的步骤，包括你信任的人和你能联系到的人的名字和电话。这能让你想起来现在可以帮助你的行为，这些行为在过去曾经帮到过你。
>
> 知道你能度过这个阶段。向自己承诺你会再坚持一天、一小时、一分钟，或者任何你能坚持的时间。

**抑郁包含了思维。**尽管你已经知道了一些关于抑郁情绪和行为的内容，你可能会感到吃惊，抑郁也可以包括特定的思维方式。这些思维可能是抑郁造成的，但是当一个人被困在困惑的怪圈中时，也可能会强化抑郁。当人们抑郁时，思维往往会集中在那些无益的想法而忽略有益的想法。反复去想问题或对自己持批评性的看法是抑郁的常见特点，这些称为"反刍思维"。例如，一个女孩在学校演出时有一句台词没说好，她可能会想："我都给搞砸了，我看起来就像个笨蛋。"即使观众可能根本没注意到她的错误。在后面的章节里我们会解释几种随着抑郁一起发生的思维，以及打破抑郁怪圈的方法。

## 为什么抑郁会影响青少年

想必你已经知道，在青春期，不仅你的身体发生了明显的变化，在社会、情绪、心理和角色方面也会发生变化。作为一名青少年，你面临着新的责任、正在发生变化的身体以及相互矛盾的期望。这样看来，当青少年进入青春期出现抑郁问题的明显增多的现象就不奇怪了。让我们来看看造成青少年更容易发生抑郁的生理性和社会性的多种因素吧。

> **你知道吗?**
>
> ### 你不是一个人!
> 在任何时间,大约都有5%的青少年会经历明显的抑郁问题,而女孩又是男孩的两倍。❶

**激素的变化。** 你可能听别人说过激素会对情绪造成破坏性的影响,但这是为什么呢?这与你的大脑有关。在青春期,性激素会刺激大脑边缘系统,这部分大脑与一些基本情绪有关。大脑影像显示,在青春期,这个系统对于包含情绪的信息的反应要比人生中其他任何阶段都更强烈。

在青春期,男孩和女孩的睾酮(睾丸素)都会上升。睾酮会促进大脑中一个叫杏仁核的结构的活动,杏仁核能够产生害怕和生气的情绪。那些有抑郁问题的人的杏仁核更为活跃。

> **你知道吗?**
>
> ### 每个女孩体验到的抑郁是不一样的!
> 女孩们可能在月经周期开始的前一周里周期性地出现抑郁症状。对一些女孩而言这些变化很小,而对另一些女孩来说,情绪的变化会影响她们的人际关系和活动。

**大脑的发育。** 你的大脑也处于发育的时期,并且这种发育不是均衡的。前额叶皮质——大脑的这部分可以让情绪反应平静下来,让人面对压力时有一种更冷静、考虑更周全的观点,这部分大脑比起大脑的其他部分,成熟得更晚。事实上,

---

❶ Brent, D. A. & Boris, B. (2002). Adolescent depression. *New England Journal of Medicine*, 347(9),667-671.

大脑的这个区域会一直发育，直到你二十几岁！因此，在你的大脑边缘系统让你在面对压力有更强烈的反应时，能够告诉你不要反应过度的那部分大脑还没有完全运行。

实际上，大脑发育的积极结果会在青春期给你带来挑战。你可能已经意识到你能够理解一些概念和信息了，而这些在你更小的时候是无法领会的。理解能力的飞跃发展是因为能够进行批判性思维的那部分大脑发育了，但是这种批判性思维也可能被用来和你"对着干"。青少年最爱挑剔的对象往往是——他们自己！

> ❖ **想一想**：如果你认为人们应该受到友善和同情的对待。记住你是一个人，并且你应该获得友善和同情。

**身体的变化。** 与大脑的变化一同发生的是你身体本身的变化。青春期是一个身体处于惊人发育的时期。大多数孩子会长高，你可能经历过变瘦或变丰满。渐渐地，随着你从一个孩子变成成年人，你的身体形态和身体功能的变化也需要有很多的调整去适应这些变化。

随着你的身体开始发育出成年人的性征（体毛、女孩的乳房、男孩更多的肌肉等），身体功能的变化（比如男孩的勃起和女孩的月经）适应起来也很有挑战性。如果你和别人比较或好奇别人是不是也像你这样意识到了这些变化，你可能会焦虑和担心，会担忧自己的发育是不是正常，也可能不会像以前那样对自己的身体外貌感到自信了。

迅速的成长可能也会带给你身体上的挑战。比如，有体操特长的青少年可能会发现，随着身体的成长，他们做某些动作更困难了，这会让人感觉很沮丧；或者那些身体曾经很协调的青少年发现，他们会被变大的双脚绊住！这些迅速的变化和新的期待会导致青少年在身体形象上的一些挣扎。

**新的要求。** 青少年面临特殊的新要求和压力。学校的要求增加了，同样在你生活的其他领域比如运动和课外活动上，对你的表现也有了更多期望。如果你和你的大多数同龄人一样，正面临着关于你的未来的问题和压力。这个压力会包括很多关于职业目标的问题，关于为升学提升你的仪表仪容的建议，或者是关于一些为你未来能谋得一个好工作而需要开始积累一些经验的相关信息。或许你正处于一段恋爱中，那可能感觉很不错，不过也可能带来一些挑战。换句话说，你进入了压力区！

在青少年时期，你面临的挑战之一是形成一个关于自己是谁的更为清晰的认识。在这个成为你自己的过程中，包括了要形成你自己的价值观。对你自己的生命历程担负起更多的责任也是一种挑战。你不得不决定你想要做哪些改变来使自己更满足，与自己和平相处，同时达成希望。你还需要意识到那些你无法改变的，同时学会接受这些阻碍，尽管有它们的存在你也能继续前进。

**文化的信息。** 作为一名青少年，你必须处理那些以你为目标年龄群的媒体信息。你每天接触的社交媒体、电视、电影、杂志和广告，都隐藏了一些压力的来源，而你可能没有完全意识到。你每天不断地暴露于数以百计的不易察觉（以及易察觉）的信息中，它们向你传递这样的信息：你应该长什么样，你应该穿什么，你应该享受什么，要想受欢迎你需要做什么（以及受欢迎是很重要的），其他人可能会怎么看你，你的生活目标应该是什么。

让我们来面对它们：这些信息设定的很多期待完全是不

切实际的。对于任何一个孩子，感觉自己是擅长不同领域的全能选手是不可能的。电影明星、音乐家、运动员和其他的"榜样"以一种不切实际的方式展现着。你很少能看到他们发火的样子（除非你收到一条消息，他们以一种很"酷"的方式表现了粗鲁），穿过时的衣服，或者做那些人们认为与他们旧有形象不相符的事情。事实上，他们的表现是背后整个团队精心策划的，团队里包括了广告宣传员、造型师、化妆师、服装设计师、摄影师（配备美图修片技术），等等。你永远不会相信你欣赏的是一个团队共同努力呈现的这个形象，除非你自己有这样一个可以支配的专业队伍。很多青少年使用这种形象作为考量自己在这个世界表现的标准——这可是下策！

> ❖ **想一想**：期望完美是造成失败的因素。
> 　　即使是一个优秀的棒球运动员，他的击球成功率也只能达到三分之一。

通过媒体或者和你认识的人交流，你可能也经历过以某种特定方式认识到自己的压力，这种强制的方式可能的形式是建议你贴上学校里某个社会群体的标签（如运动健将、书呆子、游戏玩家等）。虽然认同某个群体会带来一些归属感，但是给自己贴上任何标签都是对自己的限制。这可能会让你认为不得不满足这些标签附加的期待，或者让你不再去尝试那些似乎与你"被赋予"的身份不相符的新活动。你可能会觉得和其他类型的人交朋友会不自在；或者你可能会相信如果你的兴趣改变了，就需要放弃原来的老朋友。

## 抑郁的五大风险因素

有些人要比其他人更容易出现抑郁问题。尽管其中的原因还不完全清楚,但研究表明一些因素会让人们有更高的抑郁风险。

**生活事件**。这似乎是很明显的,但是每个人面对的生活挑战并不一样。有时不可控的生活事件,不管是慢性的还是突然和创伤性的,都可能让人无法应对。如果这些经历超出了你的应对能力,尽管你努力地想处理所有经历的事,但你很可能会抑郁;或者你可能觉得完全无力应对,以至于你都无法调动你的力量去试试。

生活的挑战包括家庭的问题,健康或受伤的问题,学习障碍,或者失去某个你爱的人。有一些变化,对于成年人来说是轻度的压力,但对青少年来说是极大的困难,包括搬家远离了朋友、转学或因为受伤错过了一场喜欢的体育活动。流言蜚语、不想和大家和睦相处、欺凌以及朋友之间的问题在你这个年龄段也都会成为问题。

**抑郁家族史**。你可能听说过那些直系亲属有抑郁的人更容易出现抑郁问题。没有人真正完全了解这个过程,但是似乎一些人在遗传基因上更容易出现抑郁问题。由于还有其他基因的作用,在家族中有人抑郁并不意味着你就遗传了那种让人容易抑郁的基因。并且,即便你遗传了,仅仅基因这一方面并不会引发抑郁,其他因素(如压力、思维方式、应对能力等)也对一个有遗传风险的人是否最终患上抑郁性的疾病有着很大的影响。

> ❖ **想一想**：基因，就像牛仔裤，影响你的样子、步伐和举止。
>
> 基因，就像牛仔裤，并不决定你是谁。

抑郁家族史也会让你更可能因为其他原因变得抑郁。如果你和有抑郁思维习惯的人生活在一起，他们可能在谈话时就流露出来了。经常接触这些谈话的孩子也就学会了用抑郁的方式去想问题。需要引起警惕的是，要注意家庭成员是否爱自我批评，对问题的预期是灾难性的，把问题看成是永久的而事实并非如此，或者对生活中的积极方面视而不见。或许，你的父母或其他家庭成员在无意中已经用了好多年的时间向你示范他们表达自己的方式，而这导致了你倾向于采取抑郁性的思维和有害的自我暗示。

个人史和压力。早年的困难经历或当前的生活压力会增加青少年时期抑郁的可能性。这些环境因素包括一些极端的事件，

## 学会识别和避免欺凌

作为欺凌的受害者会增加抑郁的风险。有以下几种不同的欺凌：

○ 身体的——踢、打，或采用任何形式的攻击来达到控制别人的目的。

○ 言语的——使用"贬低"的语言来达到伤害或羞辱别人的目的。

○ 情绪的——孤立或有意回避别人。

○ 网络的——使用即时消息、手机短信或社交网络去羞辱或让别人难堪。

> 尽管所有形式的欺凌都是有害的，但是网络欺凌的受害者报告的抑郁发生率尤其高。❶
>
> 如果你正遭受欺凌，向信任的成年人寻求帮助。你有权利保证自己在身体上和情绪上都是安全的。

如父母去世、慢性的残疾、处于暴力中、被忽视或虐待或者成长条件很贫穷。会增加抑郁风险的一些不那么剧烈的压力包括患有学习障碍、经受父母的离婚、被欺凌或交不到朋友。

**缺少光照。**一些人在冬天更容易抑郁。当白天变短，光照变少，带有季节模式的抑郁似乎是被季节接触光照的变化所触发的。可能你听说过生理节律和身体的内部生物钟，这个生物钟是受到太阳调节的。在秋冬季节，身体内部的生物钟被打乱了，影响了睡眠，同时促成了抑郁。有季节性抑郁的人通常会发现，在春天到来日光增加的时候感觉也会好多了。对于有这种模式的人，坐在全波段光谱的人造光前面可以消减发生在光线不好的那几个月里的抑郁。对于一些人来说，尽量在冬天光线好的时候待在户外也是有好处的。医生或治疗师会帮助你判定是否光照治疗适合你，并引导你按照最好的方式去进行。

**气质。**婴儿出生时，在敏感性上和情绪不好时被安抚的难度上，就存在着个体差异。婴儿在活跃性、嗓音和注意力存在的一些早期差异，心理学家把这些称为"气质"。尽管环境无疑会改变这些特点的发展，但是非常明确的是气质是一种与生俱来的东西。一些研究表明，易怒、挑剔和难以安抚的婴儿更可能成长为抑郁的青少年。同时，经历也能改变与生俱来的气质，即使那些本性是反应性很强的人也可以学会一些方法来控制他们的反应。

---

❶ Wang, J., Nansel, T.R., & Iannotti, R.J. (April 2011). Cyber and traditional bullying: Differential association with depression. *Journal of Adolescent Health*, 48(4), 415-417.

有抑郁问题的青少年出现的症状并不完全一样。有人可能觉得在早上起床很困难，有人可能会经常反思自己的缺点，还有人可能总是觉得悲伤和绝望。但是，在每种情况下，抑郁的行为、想法和感觉都会干扰到生活。幸运的是，本书包含了很多应对抑郁的具体方法和策略，即使你具有抑郁的风险，你也能战胜你的生理因素、你的经历和你的环境，保持积极向上。

## 写日记的方法

读完这章后，你意识到你具有的抑郁风险了吗？在你的日记里记下过去或目前的经历、生理风险、目前的压力、文化的影响，以及在你成长为青少年的过程中可能让你的情绪受影响的那些变化。

## 概括总结

1. 记住抑郁包含的三个成分：情绪、行为和思维。改变其中之一就有助于其他两个的改进。

2. 有几个因素会让青少年比其他年龄段的人更容易抑郁：激素的变化、大脑的发育、身体的变化、来自别人更多的期待以及社会和文化的压力，这些都会增加青少年发生抑郁问题的机会。

3. 抑郁的主要风险因素包括遗传基因、过去的经历和学习、创伤性的事件以及慢性压力等。

4. 有抑郁的风险并不理所当然地意味你就会抑郁。社会支持、应对技能、积极的思维方式和其他因素会帮你应对这些风险。

# 第 2 章
# 如何寻求帮助

因为自己的感觉和想法而寻求帮助，有关这方面的经验你可能并不多，不过你在学习或需要解决问题时很可能有需要帮助的时候。在某种程度上，因为抑郁而寻求帮助也一样。接受治疗包括：学习有关更多抑郁的工作机制，抑郁是如何影响你的生活的，以及掌握方法去克服它。

## 需要专业帮助的信号

我们希望本书可以帮助你理解什么是抑郁，它是从哪儿来的，以及如何掌握技能去应对抑郁，我们知道读这本书的青少年中有些人需要的帮助不止本书里提供的内容。每二十个青少年中就有一个在某个阶段会患上抑郁障碍。尽管你可以采取很多措施来防止抑郁的发生，但有了抑郁障碍也不意味着你失败了。有些人尽管已经尽了所有努力可还是出现了抑郁障碍。这就像你做了所有你能做的事去防止感冒，但还是感冒了。这不是任何人的错。

任何时候，当你陷入对抑郁性思维的反复思考，或抑郁干扰了你的生活或人际关系，不论你是否被诊断为抑郁，这都是你应该寻求专业帮助的时候了。所以你如何判定自己是否需要寻求帮助呢？以下有一些问题，如果在考虑这些问题时你需要帮助，可以询问你的父母或其他成年人。有些抑郁的人面临所有这些问题，不过有些人会在只有几个问题出现的时候就去寻求帮助。

### 给你的帮助

**是该寻求帮助的时候吗？**

◆ 你是否每天或几乎每天都长时间地感觉抑郁？

- 你是否已经与抑郁斗争了几个星期？几个月？
- 是否有什么事是你以前很喜欢，但现在没精力再去做了？
- 是否没有事情能让你长时间保持兴趣？
- 你是否感到羞耻、尴尬或气馁？是否感到自己不值或不配得到？
- 你是否经常感觉非常内疚？
- 你是否觉得在学习上无法像以前那样集中精力？你的成绩下降了吗？
- 你是否感到做决定非常困难？
- 你是否经常一个人待着？避免和朋友们在一起？结交了一些有不良嗜好的新朋友？回避你的家人？
- 你是否即使在该睡觉的时候也睡不着？是否躺在床上一个小时以上睡不着？是否在半夜醒过来之后再也睡不着了？
- 你是否睡得太多或在白天通过睡觉来回避问题？
- 你的饮食习惯是否改变了？没胃口或体重降低？你是否沉迷垃圾食品而使自己感觉好受一些或不那么无聊？
- 你是否总是焦躁不安？
- 你是否总是没缘由地觉得很累？
- 你是否发现自己觉得几乎所有人都很烦人？
- 你是否发现其他人说你似乎总是情绪低落，或其他人很担心你？
- 你是否经常想到死亡？是否有伤害或杀死自己的想法？是否曾经计划或自杀过？

## 如何获得帮助

如果你对以上一些问题的回答为"是"，那么你应该找一个你信任的成年人和他谈谈你的感受。当然，这说起来容易做起来难，和别人诉说一些难受的情绪可能会有些尴尬和难为情。一些青少年不太确定关于这么私人的信息有哪些成年人是值得信任的，或担心其他人不会那么开放地倾听他们的抑郁。但是很有可能的是，如果你已经抑郁了一段时间，你周围的人可能也观察到了一些蛛丝马迹，告诉他们你的感受可能会帮助他们理解你为什么有这些表现。

**告诉谁？** 一旦你决定告诉别人你有抑郁问题，那么问题来了：你应该告诉谁？大多数抑郁的青少年会自然而然地考虑先告诉好朋友。如果有一个你信任的人，你可以告诉他这些敏感的信息，第一步最好是先与他分享你的感觉。但不论是不是先从告诉好朋友开始，最终要获得专业帮助还是得向一个成年人求助。

很多意识到自己需要帮助的青少年首先会去找父母，但是根据你的生活环境，你可能觉得和医生、学校的心理老师、其他老师、教练或其他你认为值得信任的成年人交流起来更简单。考虑一下你生活中的成年人，哪个人你更容易和他交流？

如果你去找的成年人比你的父母年龄大，他们可能会建议你之后去找你的父母，或者他们可能会询问是否他们自己可以和你的父母谈谈。

> ❖ **想一想**：戴着眼罩往往让你看不见那些就在你身边可以提供帮助的人。
> 
> 再看一眼，可能会发现被你忽视的那些一直在关心你的支持者。

**别人会怎么看？** 很多青少年因为害怕别人的看法，会回避寻求帮助，甚至隐藏抑郁的信号。有时他们认为他们自己不能处理是一个软弱的标志。尽管这些想法和情绪很普遍也可以理解,但这确实会阻碍抑郁的青少年去获得帮助。你很可能是对的,很多人不能理解,他们甚至可能会对为了情绪问题去寻求帮助而表示怀疑,但是这个偏见是基于无知。抑郁并不是一个软弱的标志,它是一种疾病,对于一个人来说,可能有着一系列复杂的原因,包括遗传和环境的因素。不要让别人的无知阻碍你去寻求帮助。

## 如何治疗

你可能已经见过治疗师,他们可能就是推荐给你这本书的人。如果不是这样,你可能会想知道治疗是怎么帮助人的以及治疗是什么样的。通常,青少年是自己去见治疗师的(尽管在一些情况下团体治疗或家庭治疗是有帮助的)。你的治疗师会问你关于经历、情绪和行为的问题,以此来帮助你们两个人去理解抑郁是如何影响你的以及在你生活中特别的绊脚石。你的治疗师可能也会就父母在家里看到的情况访谈你的父母,但是治疗师不会把你说的话透露给你的父母,除非得到你的许可。他们也不会把你说的话透露给学校或其他任何人。你们的交流和你的具体治疗计划都是保密的。如果你的治疗师认为让其他人参与进来会更有帮助,他们会首先征求你的同意。在这个保密原则中有一些例外:如果你的治疗师认为你有伤害你自己的风险,或你可能会伤害别人,或有人会伤害你,那么他们会寻求其他人的帮助。

**治疗是什么样的?** 你的治疗师会做一个评估,其中包括制订一个计划用来解决那些影响你抑郁的具体问题。比如,如果你的抑郁是因为学习压力太大引起的,他们可能需要看看你是不是需要一些学习上的帮助；如果是家庭问题影响了你，他们可能会想有关于这个问题的办法。

在你和你的治疗师彼此认识，同时他更了解你的抑郁之后，他会指导你改变你的抑郁行为、思维和感觉，本书接下来讨论的内容也是关于这些。你的治疗师会帮助你设立目标，同时设计一些策略去克服不健康的行为。他们会帮助你形成与事实更相符的思维去对抗自暴自弃的思维。有这样一个能和你一起应对这些挑战的人是非常有帮助的。有时，即便只是说出来，你的感受就有助于还原事情的本来面貌。当你处在一个艰难的时刻时，你的治疗师也能作为一个教练去鼓励你，在你取得进步时，也能和你一起庆祝。

> ❖ **想一想**：聪明人知道自己不知道什么。
> 　　对别人的引导保持开放的态度，可能会让你看到其他出乎意料的可能性。

大多数的心理治疗提供的是，一个值得信任的成年人在一个安全的地方和你讨论你的想法、感受和行为，同时想出办法去应对这些问题。很多办法可能和本书里提到的策略很相似，心理治疗中你还能有个人去定期地谈论如何在你的具体情况中去应用这些策略，这个人也能记录检测你的进展是怎么样的。这些谈话会继续下去而且是你能预见的。

**药物治疗**。求助治疗师和使用本书里提到的几种策略都很有用。但是有时候，即便你很努力，战胜抑郁也是很难的。你的治疗师可能会建议你在治疗计划里加入药物治疗。研究表明，有时药物治疗和心理治疗共同进行，效果要更好。药物治疗可能有助于缓解你的症状的强度，从而使你有精力去完成治疗布置的家庭作业。尽管药物治疗是有帮助的，不过并不存在一种可以消除抑郁的神奇药片。药物治疗能起的作用是让那些产生抑郁的行为和思维更容易发生改变。

这个讨论可能让你对药物是如何起作用的产生兴趣。大脑的化学物质血清素和去甲肾上腺素与抑郁类的疾病有关。已有发现可以影响这些神经递质的药物，或是通过增加它们的水平或是减缓大脑清理它们的过程，对于抑郁的治疗是有帮助的。一旦心理学家或医生对你进行了评估，他们可能会建议在心理治疗的同时加上药物治疗。如果真是这样，你很可能对于药物本身就有很多问题想问，这些问题可能包括：

- 我应该期待药物起什么作用？
- 它会不会让我的体内有奇怪的感觉，或会不会改变我的人格？
- 我会不会失控？
- 要多长时间才能起效？
- 如果我忘了吃药会发生什么？
- 我怎么向别人解释我在服药，我应该告诉谁这个信息？
- 会不会有什么副作用？
- 如果我想要停止服药会怎样？

你的医生可以回答这些问题，所以不要犹豫，去问他吧。

你可能也会对接受药物治疗意味着什么有疑问。一些青少年担心接受药物治疗可能就意味着他们就不正常了或某种程度上不够好了。事实上，在治疗的情况下接受药物治疗是一个成熟和积极的决定，是以一种负责任的方式去处理一个严重的问题。

**其他有帮助的治疗。** 尽管它们很可能不能代替心理治疗或药物治疗，但是如果你正处于严重的抑郁，另外的一些治疗（如冥想和针灸）可能有助于你暂时缓解抑郁和与之伴随的焦虑。

**其他可能需要的帮助**。好像有了这些讨厌的情绪还不够，抑郁还会和其他问题一起出现。这叫作"共病"，这些问题可能需要针对它们的干预。尽管并不是每个抑郁的人都会出现共病，但有抑郁的青少年同时有以下这些问题还是很典型的。如果你发现你自己有任何以下的行为，你可能需要寻求帮助：

- 影响你生活的焦虑行为；
- 酗酒；
- 厌食或贪食；
- 割伤或其他自伤的行为。

### 给你的帮助

**自伤行为**

青少年有意地去伤害自己的行为和很多障碍有关，这其中包括抑郁。尽管在治疗抑郁和有意的非自杀性自伤的方法上有重叠，但是更有帮助的是去找一个这些行为方面是专家的治疗师进行治疗。

有时候应对抑郁需要一个团队，其中需要包括医生或治疗师或咨询师，不管谁在你的团队里，他们都能帮助你理解抑郁是如何造成影响的。

在下一章里，你会学习如何识别那些在抑郁的怪圈里互相影响的感受、行为和思维。再往后看，在第4章里，你会发现行为和活动上的改变可以产生思维和感受的改进。第5章会教你思维方式是如何让你陷入抑郁的怪圈的，以及改变思维方式是怎样停止这种恶性循环的。在第6章，你会学习很多有效解决问题的策略。在第7章，你会学习应对那些无解问题的技巧。在第8章，通过呼吸练习和放松的方法，你会学习如何平心静气，让身心冷静下来。第9章会让你考虑和评价作为一个心理健康的个体的一部分，你的个人优点是什么。然后在你加深并扩展了你的人际关系之后，在第10章我们会回到你的"团队"。第11章是所有应对抑郁元素的回顾，帮助你再次获得心理的健康。

## 写日记的方法

你可以用你的日记和你自己进行一个"私人的交流"，谈一谈你现在是如何在抑郁中挣扎的。你认为你会借助治疗师的帮助吗？在你个人目前的情况下，要是你准备好去寻求帮助，最好的办法是什么呢？

## 概括总结

1. 如果抑郁影响了你的日常生活，或如果你被困住觉得没有什么能让你感觉好一些，就是该去寻求专业帮助的时候了。

2. 如果你在考虑自杀，你应该毫不犹豫地去告诉一个负责任的成年人或去医院的急诊室。

3. 一个可靠的成年人是指引你去接受治疗的最佳人选。去找家长、老师、教练或其他成年人来帮助你决定对你来说最佳的专业支持来源。

4. 治疗的开始，专业人员会首先进行评估，他可能会推荐心理治疗、药物治疗或其他类型的干预。有效的治疗需要你积极参与。

# 第 3 章
# 抑郁的怪圈

情绪为我们提供了有关自己和他人感受的信息，是人性重要的组成部分。用于描述情绪的词语有很多，但是很多人还是不理解为什么他们会用这样的方式去思考和感受。学习识别你的情绪并把这些感受转化成词语，有助于你去驾驭人生中的起起落落。

## 了解大脑和身体的关系

你的大脑在不断地把所有不同类型的信息整合在一起，这个过程往往是你没有意识到的。不过，有些信息还是需要你的注意力。在特定情况下，你身体的感受会结合过去的学习和经验，让你发出采取行动的警报。感受的一部分来自你身体内部的一些神经系统的信号，例如，手心出汗、心跳变快、腿发抖是和恐惧有关的身体感觉；疲劳、胸闷、呼吸变慢可能是悲伤的信号。当你了解自己的身体，你也能获得一些有关情绪的重要线索。

但是情绪反应比生理信息要丰富得多。你的想法和知识有助于发现自己感受的意义。就在你正试图理解身体反应的时候，你的大脑也在不停地工作，提供关于你自己和别人动机与行为的额外信息，这些信息都是在特定的背景下。要去识别你的情绪，很多的信息需要你去加工，更别说再去确定这些情绪该叫什么了。

尽管你没必要了解大脑工作的细节以及思考大脑工作的复杂性，但了解你是如何感受到特定的情绪以及为什么会有这些情绪，这对你是有帮助的。你可以选择怎么去看待你的感受以及对即将发生的情况采取什么样的行动。

## 每个人的情绪反应并不相同

人们的反应各不相同。可能你给朋友推荐了一个你喜欢的电影，但他并不喜欢；或者你的朋友喜欢嘻哈音乐，而你更喜欢摇滚。人们在对事情的情绪反应上也是千差万别。尽管一些经历会让所有人都感到难过或低落，但有些人似乎比其他人更容易恢复或重新振作起来。为什么会这样？人们对经历的看法取决于很多因素。

比如，两个女孩都尝试成为她们所在的高中音乐剧里的主演。两个人都通过了两轮的面试，然而都没有获得想要的角色。事实上，她们两个都仅能作为群众舞蹈演员出演。两个女孩都很失望，她们处理这段经历的不同方式导致了在行为和情绪反应上有明显差别。其中一个女孩想："我根本不会唱歌！这就是我没获得角色的原因。""我当初去参加面试真是丢尽了脸！"这个女孩情绪低落，她第二天不想去上学或不想告诉她的朋友们她自己所谓的这次失败经历。另一个女孩采取了完全不同的看法。她想："太糟了，但是至少我能参加表演。我敢肯定他们想把这些主要角色留给那些高年级学生，我只不过是个新生。我今后还有别的机会。我觉得他们还挺喜欢我的舞蹈的，不过这样的话我就能和我的朋友们在排练的时候出去玩儿了！"她第二天很兴奋地想去上学并把音乐剧的事告诉大家。

> ❖ **想一想**：你做出的反应影响你获得的结果。
> 事情发生后，事在人为。

两个女孩心里的想法决定了她们的感受和行动。想法、感受和行为的相互影响形成了一个循环。

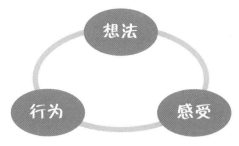

## 抑郁怪圈的形成

你的情绪源于你想问题的方式。当你的想法充满了绝望和自我批评时,你就会用一种抑郁的方式看待这个世界。这样,抑郁的怪圈就产生了。你感觉情绪低落,你用无益的方式去想问题,你会退缩。更糟的是,当这个怪圈不断循环,你的感受、想法和行为会把你拉进一个恶性循环中。

好消息是阻断这个怪圈的任一部分都会带来改变的机会。打破抑郁的怪圈可以通过质疑抑郁的想法,可以通过一点一点改变不健康的习惯或抑郁的行为,也可以通过释放对那些无法改变的事情的难过或愤怒的情绪。某个部分的一个改变都会引起每个部分的变化。当你做出改变时,你可能会反转怪圈的循环方向,它会开始转向一个更为良性的方向。

举个例子:你的父母要求你照看你的小妹妹,不要去参加学校的舞会。想想一些可能的想法—感受—行为循环。你可能会想:"这不公平!我总是得不到我想要的。"这样你会不高兴,会失望,会和你的父母争吵。反之,你可能会想:"这不公平。不过也许我可以想想和妹妹一起做点儿有趣的事。"

你做了爆米花，看了电影，实际上你和妹妹在家度过了一个愉快的夜晚。两种不同的想法导致了不同的感受和不同的行为。

现在让我们试着改变行为。这有另外一件事——球队选拔。你逼迫自己去参加选拔，尽管你感到特别紧张，你想："我希望我能成为球队的一员。"反之，你回避参加选拔，想："我做不了这个。"一开始你觉得如释重负，但之后你会后悔。你做什么或处理事情的方式会引起你对经历的不同想法和感受。

你对感受产生的想法和行为也可以是不同的。比如，如果你无意听见有人在说你的闲话，你可能会觉得难过，但是你也可以选择忽视它，去关注其他事情，而不是对它做出反应让这个怪圈循环起来。如果你的苦恼引发你对自己产生负面的想法，你可能会失去自信。反之，如果你听到了闲话，特别生气，你可能会做出让你之后后悔的行为。

重点是你的感受、想法和行为是一个互相关联的循环。自我批评的想法（"我这么蠢"）、缺乏自信的想法（"我很可能会失败"）或预期不好的结果（"这个很可能被取消"），很可能会造成难过或消极感，这反过来又会导致自暴自弃或退缩的行为。这些行为很可能导致相应的抑郁想法和感受。同样，这些感受很可能带来自暴自弃或退缩行为以及抑郁的想法。

> ❖ **想一想**：骂人是一种带有破坏性的心胸狭窄的行为。别用那些不公正的标签给自己下定义。

## 两种方式的循环

例1：你的父母需要你照看你的小妹妹，导致你不能去参加学校的舞会。如果你有抑郁的想法，你会发现这个循环是这样的：

- **想法：** "这不公平！我总是得不到我想要的。"
- **感受：** "我和我爸妈生气，我很失望。"
- **行为：** "我刚和我爸妈吵了一架！"

例2：但是如果你的反应不同，这个循环可能是这样的：

- **想法：** "这不公平。不过也许我可以想想和妹妹一起做点儿有趣的事。"
- **感受：** "花时间和她在一起，我觉得高兴。"
- **行为：** "我和妹妹在家度过一个有趣的晚上，我们一起看电影。"

第3章 抑郁的怪圈

## 识别自己的触发点

一些青少年困在了抑郁的怪圈里——感觉情绪低落，想一些无益的想法，做那些让他们陷入抑郁恶性循环的行为。当这些发生时，似乎没有出口了。但其实是有的，认知行为的方法是一个可以把怪圈反转为更积极和更现实方向的好办法。

"认知"这个词指的是思维和推理。当你学习了不同的思维方式以及不同的行为反应时，你的情绪体验也会变化。首先是识别你的典型想法、行为和感受。能做到这点，要从识别你的触发点开始。触发点是引发你特定想法、行为或感受的情境或事件。要识别你的触发点，就要思考一下你抑郁经历的背景：当时发生了什么？你在哪里？还有谁在那里？

### 了解你的触发点

对以下每一项困扰你的程度进行10分制评分，从一点儿不（1分）到非常非常多（10分）。

| 评分 | 触发点 |
|---|---|
| | 你的三个朋友一起出去，但他们没邀请你。 |
| | 你考试得了一个低分。 |
| | 你的父母不让你参加聚会，因为他们不信任聚会的组织者。 |
| | 你的某个朋友没回你短信。 |
| | 你某门课不及格。 |
| | 你的着装或发型看起来不好。 |
| | 在某个游戏中你连续输了两次。 |
| | 你的父母因为你不做家务批评你。 |
| | 你的兄弟姐妹总是拿走你的东西。 |

这些都是潜在的触发点。一些事情发生了，从而引发了想法和感受。你评分为 7~10 分的事情可能会触发强烈的情绪。你可能很容易识别这些情绪，但不那么容易意识到你的想法。大致上，我们对自己的思维模式习以为常，因为它们相当程度上是自动化的。但是通过练习，你可以学会去注意你在想什么。让我们用上述表里的一些触发点来看看它们可能会引发什么样的想法。

**触发点**：你的三个朋友一起出去，但他们没邀请你。即使这种事情从没发生在你身上，如果发生了，你会怎么想？不要直接去想情绪。以下是一些例子：

"他们可真是叛徒。"

"我不喜欢他们了。"

"一定有个合理原因。"

"他们不喜欢我了。"

**触发点**：你考试得了一个低分。你会怎么想？

"考试太难了。"

"我学得还不够。"

"我太笨。"

"我讨厌那个老师。"

**触发点**：你的父母不让你参加聚会，因为他们不信任聚会的组织者。你会怎么想？

"他们不信任那个人可能是对的。"

"我爸妈对我过度保护了。"

"我爸妈只是为我的安全着想。"

"我爸妈在破坏我的生活。"

完成余下的触发点练习，并想想可能的想法。你注意到你的思维模式了吗？或是更多取决于触发点？是不是其中一些比其他的更容易让你开始用一种消极的方式去想问题？一些特定类型的想法可能容易导致抑郁的感受和行为。这就是抑郁怪圈的运作方式。一些事情发生了（触发点），而你的一些想法会引发抑郁的感受。

## 想法：触发点和感受之间的关键联结

可能你知道你对哪些类型的触发点不敏感，对哪些更加敏感。更难的是识别这些触发点后产生的想法，特定类型的想法更容易导致抑郁的感受和行为。如果在有这些想法的时候你能够开始注意到这一点，你就能质疑这些想法。这类想法的问题是，它们会歪曲你看待世界的方式。更仔细地去看你的想法可以给你提供一个渠道，去评估你的反应，发现对事件更现实的思考方式，更重要的是，可以找到离开抑郁怪圈的出路。

你的想法可以是具现实性的也可以是不具现实性的，可以是有帮助的也可以是没帮助的。如果你喜欢的宠物死了，你也许会想你有多想念它。你不在意自己失去的并不是一个具现实性或有帮助的想法。你的想法可以帮助你弄清楚你有多难过。再次强调，悲伤、难过本身并不是坏的或错的。目的并不是回避你觉得不舒服的想法和感受。所有的情绪都是你需要的，并不仅仅是快乐的情绪！

难过和抑郁是不一样的。难过是一种正常的甚至必要的人类情绪。抑郁是想法、感受和行为紊乱怪圈的结果，在这个怪圈里，不具现实性的和无益的想法创造出一个不健康的恶性循环。抑郁通常涉及不同的情绪，包括内疚、羞愧和愤怒等。

> **你知道吗?**
>
> ### 悲伤 ≠ 是坏的
>
> 玛丽·拉米亚(Mary Lamia),在她的《情绪!你的感受有意义》(Emotions! Making Sense of Your Feelings)这本书里解释说,悲伤能够帮助你调整你的失落感,为别人提供一个信号告诉他们你需要安慰,提醒你需要调整自己的目标或解决问题的方式。

当你可以更自如地识别你的自动化思维时,你就能更好地理解为什么你会有这些特定的情绪了。你的想法和感受影响了你的行为,你也会看到这些行为并不一定都是健康的和有益的。同时记住,采用认知行为法,改变行为也能反转抑郁的怪圈,产生更符合现实的、更加有益的想法和更可控的感受。当你去看过程中行为的部分时,要注意你的行为是健康的还是有用的,也要注意你的行为产生的结果是怎样的。

比方说,想象一下如果你的球队在冠军争夺赛里失利了(触发点),下面会发生什么。你对自己说:"如果我挡住那个射门我们就赢了。"(想法),你充满了愧疚(感受)。你整晚打游戏(行为),因为你上学前一晚没复习,你在测验里成绩不佳(结果)。

了解你的触发点→想法→感受→行为→结果这样的循环,会教给你了解自己以及你是否在用抑郁的方式去思考和行动,这些正在形成一个抑郁的怪圈或恶性循环。使用下面的表格来记录你自己的模式并获得对自己的了解。

### 我的经历记录

| 日期／时间 | 触发点 | 想法 | 感受 | 行为 | 结果 |
| --- | --- | --- | --- | --- | --- |
|  |  |  |  |  |  |
|  |  |  |  |  |  |
|  |  |  |  |  |  |
|  |  |  |  |  |  |
|  |  |  |  |  |  |

对于抑郁的体验，人和人之间是不同的，在不同时间也是不同的。观察你自己与抑郁相关的想法、感受和行为。前因后果是怎样的？这里有更多的问题你可以问问自己：

- 有一件具体的事件触发了抑郁的怪圈吗？
- 你做了什么让自己感觉好些吗？
- 你做了什么让自己感觉更糟吗？
- 在某些情况下（独自一人或和别人在一起，在家里或在外面，忙碌或不忙），让你觉得更好还是更糟？
- 是否有时你觉得情绪低落，但是你不能重新振作起来？

改变抑郁怪圈的步骤是可行的。当你处在抑郁的恶性循环中，你的想法是不理性的或与现实不符的。通过质疑这些想法，你可以改变这个恶性循环，开启包含更有益的想法的新模式。当你以一种更合乎逻辑和客观的方式想问题时，你的感觉也会变好。当你感觉变好时，你就能更多地融入外部世界，也能做出有助于促进你自尊和自信的选择。

通过记录你的经历，你了解了你的触发点通常是什么，你的某些想法是怎样被扭曲的，以及你的自我防御是怎样的。随着你接着往下读这本书，你会学到更多有关错误的思维，如何纠正它们，以及你该如何通过选择做有益和健康的事情来摆脱抑郁的行为。打破抑郁的怪圈是可能的，也是值得的——这一系列的技能是你可以受用终身的。

## 写日记的方法

当你感觉抑郁的时候，记下来触发你的情绪的情境，以及让情绪变得更好或更糟的事情。你能确定今天你出现的抑郁想法—感受—行为的怪圈吗？这个怪圈的一些部分是你可以改变的吗？与那时相比你可能说不同的话或有不同的表现吗？你的头脑里有哪些无益和错误的想法？要取得更满意的结果你要放下哪些感受？

## 概括总结

1. 某一经历是否会触发抑郁，不仅取决于事情本身，也取决于你对事情的看法和由此产生的感受，以及你在面对事情时采取的行为。

2. 抑郁的怪圈是指想法、感受和行为之间的循环影响，既可引发抑郁，也能使抑郁持续下去。

3. 抑郁的怪圈可以在这个循环的任意一点上被打破。这意味着你可以有效地改变思维、感受或行为，从而以一种有益的方式来改变抑郁。

# 第4章
# 行为对抑郁的影响

正如你已经了解的，想法、感受和行为都可以让抑郁的怪圈不断地进行恶性循环。记得改变这个怪圈上的任意一点都能令它发生转变，使得它开始良性的循环吧。在这章里，我们将会聚焦于你可以改变行为的一些方法，这会导致更有益的思维和感受方式。

## 抑郁行为对生活的影响

抑郁行为会在你的生命中的某一个或很多个阶段出现。任何或全部这样的行为是抑郁的症状，会为抑郁的怪圈提供燃料。

**抑郁和社交关系。**抑郁是否导致你不愿与朋友们接近，回避社交场合，或是不再能从朋友那里获得快乐了？你是否发现其他人太具挑衅性或很烦人？或者正好相反，有时因为你太黏人而让别人觉得很烦？当你一个人被低落的情绪所淹没时，你是不是需要不断地和朋友交流？是不是当你的注意力集中在朋友们身上时，你的情绪会有一个短暂的好转，但当你们的交流结束时，这种好转并不能维持？或者可能你被驱使着卷入别人的问题或冲突中，这种情形下的冲动行为似乎要好过你一个人时空虚的感受。

**抑郁和家庭关系。**如果你抑郁了，你的家庭是帮助和支持你的重要资源。当你状态不佳时，有时和别人保持密切的联系可能是困难的。当父母开始关心你行为上发生的变化时，他们可能会询问一些关于朋友、学校或者你生活的其他方面的问题，但这些你并不想和父母分享。如果他们选择一些你在生活中不顺的方面去问，他们的关心能够发现一些被你忽略了的问题！你的易怒情绪可能也会导致你与父母和兄弟姐妹之间更多的冲突。在很多家庭中，你越是想回避父母的询问，他们就越会担心，越可能去干涉你。

**抑郁和学业。**抑郁的一个常见症状是不能集中精力。注意力缺乏可能是因为你的精力不足，或者是因为你的大脑被问题或那些讨厌的想法和感受占据了。当你无法集中精力时，学习就会表现出下滑。在学业上的麻烦会成为另一个挫折、压力和自我批评的负担。

**抑郁和活动。**如果你抑郁了，你可能会发现更难对那些你之前承诺要做的活动保持积极性。这可能导致你退出一项运动、音乐的学习，志愿者的工作，或者参加某个社团。或者你还是继续再做，但只是敷衍了事。

**抑郁和不健康的行为。**如果你抑郁了，你更可能去做一些不健康的活动或行为。其中一些甚至可能产生是为了感觉好受一些的误导，比如花太多时间在玩电子游戏上或社交媒体上，抽烟或喝酒，或者其他一些危险的行为。另外，比如不讲卫生，熬夜，不准时起床上学，或不履行职责，这些会发生在当你被抑郁所困扰或被折磨得筋疲力尽时，这时你会觉得关心日常事物是很难的。

**抑郁和乐趣。**你可能会发现在你抑郁的时候，乐趣不再像以前那样是乐趣了。甚至有一个特殊的词汇来描述这种感受：快感缺乏。快感缺乏简单说就是，无法再去享受那些之前可以体验到快乐的事情了，它也是抑郁的常见症状之一。

## 识别六种抑郁行为

并不是所有人在抑郁的时候对于抑郁都会有相同的感受或行为。每个挣扎在抑郁里的青少年可能会表现出一些但并非所有前面提到的这些抑郁的行为。在你可以改变这部分的抑郁怪圈前，你需要先识别你的一些抑郁行为。看一下下面的列表，这并不是故意要弄得很复杂，而是以一种方式来帮助你开始观察你自己。记录下这些行为以及其他一些与你的抑郁息息相关的行为。

## 抑郁的行为

在以下所有符合你的行为前面打对钩。

### 社交

- ☐ 不回朋友们的短信、邮件或其他联络方式。
- ☐ 找借口不和朋友们一起出去。
- ☐ 脾气不好或易怒。
- ☐ 失去朋友或不再是以往"团队"的一分子了。
- ☐ 回避朋友们。
- ☐ 为小事情而与别人争吵。
- ☐ 在暑假或其他假期里不与朋友见面。

### 家庭

- ☐ 为你的错误而埋怨别人。
- ☐ 拒绝和家人一起吃饭。
- ☐ 和你的兄弟姐妹经常打架（尤其是你引起的）。
- ☐ 当父母随便问起你日常生活的一些问题时不作回应。
- ☐ 拒绝和家人外出活动。
- ☐ 常常不能完成家务活（尤其以往那些你能够完成的）。
- ☐ 为早晨起床上学和父母起冲突。

## 学业

- ☐ 无法集中精力。
- ☐ 常常不写作业。
- ☐ 在没生病的时候逃学（或逃课）或不学习。
- ☐ 当你知道你应该做其他事情时，却玩电子游戏来浪费时间。
- ☐ 拖延或很难开始一些长期的学习项目。

## 活动

- ☐ 对运动或游戏失去兴趣。
- ☐ 不再花时间去练习乐器或从事一些你曾经做的那些创造性的活动。
- ☐ 花更多的时间玩电子游戏而不是做其他休闲娱乐活动。

## 健康

- ☐ 做一些冒险的行为。
- ☐ 不洗澡或不刷牙，或仅仅在父母让你做时才去做。
- ☐ 睡得太少。
- ☐ 白天睡太多。
- ☐ 滥用药物或喝酒。

## 乐趣

- ☐ 大多数时间觉得无聊。
- ☐ 很少笑。
- ☐ 对电影、音乐、阅读或其他那些你曾经非常感兴趣的事情失去了兴趣。
- ☐ 觉得大多数幽默都很"傻"。

## 了解正强化和负强化

目前为止所谈到的行为的类型不仅是抑郁的症状,而且也会让你继续困在抑郁的怪圈里,因为它们也会引发抑郁的想法和感受。例如,如果抑郁引起你在学业上精神不集中的问题,你的成绩可能会开始下降;如果你的成绩开始下降,你可能会开始想你在学业上并不擅长或者你是一个懒惰的人,你可能会想一些关于你自己更糟糕的想法。打破抑郁怪圈的一个方法是开始更多地去做那些支持有益想法和感受的活动。但是首先要简要讨论一下,我们为什么做这些事情(而不做另一些)。

人们的行为表现受到所发生的结果的影响。举个例子,如果你做课外兼职时总是可以准时到达而且工作负责,你的老板不仅会付给你工钱,可能还会给你涨工资。如果发生了这些事情,那么在今后你就更有可能去做这份兼职同时会更努力地做。这个过程叫作"正强化"。

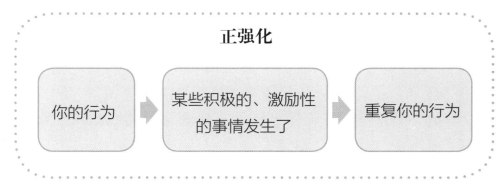

但是还有另一个过程,在这个过程中你的行为得到鼓励是因为撤销了一些负性的或不喜欢的行为。当你在特定的情境中有不高兴的感受时,回避这些情景会让你免于不快。在上面的那个例子中，如果你的兼职工作有一些方面是令你沮丧的，你可能会开始回避这个工作，尽管这可能使你的老板不付给你工钱。这个过程叫作"负强化"。

## 行为和抑郁的强化

所有的行为，包括抑郁的和健康的行为，都受到正、负强化的影响。如果一个行为导致发生了你喜欢的事或者有助于你回避或逃脱你不喜欢的事，你就更可能在今后去重复它。有时候，抑郁开始于你尝试去做或获得某些事情但失败了。比如，最好的朋友搬家了，要想填补这个社会关系的空缺是困难的。如果你这时候开始尝试结交一个好朋友但是似乎没办法和他建立起好的关系，你可能会不再尝试了，然后变得抑郁。通常，是什么引发了抑郁是很难准确了解的。

有时，抑郁的行为实际上可以导致来自于别人的正强化，比如在你情绪低落时，朋友们或父母会更留意或关心你。尽管不那么明显，但是更重要的是，抑郁的行为通常跟随着负强化。

抑郁的行为可能开始于回避或逃避情绪的痛苦。如果你查看一下之前提到的"抑郁的行为"列表，你就会发现其中许多行为都包含了对于有挑战的、有压力的或不喜欢的体验的某种类型的回避或逃避。抑郁的行为也会导致拒人于千里之外，推开别人，这会减少你不得不去处理的社交和情绪的要求。其他抑郁的行为表现为回避去想某些事或转移你对情绪的注意。这些体验之后会让你更可能去重复这样的行为，你可能会进入一个增加抑郁行为的恶性循环，负强化一再帮助你回避暂时的情绪不安。

## 改变行为的方程式

很多抑郁的行为伴随着抑郁的思维，但正如你已经了解的，可以在抑郁怪圈的任何一点上打破它，并不是只有在抑郁减轻时才能有更少的抑郁行为。通过系统地改变你的一些抑郁行为，你的情绪会得到改善。

另一个通过改变行为而影响抑郁的方式是通过增加新的行为。通过增加健康的行为，你也能增加它们得到强化的可能性。你会变得更加开放（或更少去回避）地去采取这些行为。健康的行为就会变得更加简单，也就更容易摆脱抑郁行为。如果抑郁的行为更少发生，它们也就会更少地得到强化。通过这种方式，行为上细微的变化可以帮助你打破抑郁的恶性循环。

> ❖ **想一想**：我们都会陷在不健康的行为之中。
> 努力改变那些你发现会阻碍你长远幸福的习惯。

改变抑郁的行为需要你自己的努力和保证。毕竟，你需要做你并不想做的事情，一开始可能很难接受这个观点，即需要做某件事就真的要去做这件事。因此，我们建议你先从行为上一些小的改变开始，让你自己有一个机会去观察这个过程是怎么发生的。选择有帮助的行为是因人而异的。你需要谨慎地选择那些对你来说重要的行为，这样你就能为你自己设定一些行为的目标。

## 确定价值观并设定个人目标

当你开始思考要改变哪些行为时，记住：你是否想做并不重要。实际上，你很可能在一开始并不想做。选择你想最先改变的行为，需要你花时间去思考你真正在乎的是什么。用这种方式思考：与其仅仅应对生活抛给你的问题，不如开始更积极地去塑造你的生活。

> ❖ **想一想**：有目标可以给你的生活带来方向感。
> 树立那些可以反映你是谁以及你希望成为谁的个人目标。

可能有很多人都会询问你的目标。你知道诸如"你希望加入那个队吗？""你想不想上大学？""你想做什么样的工作？"这些不是我们头脑中的那种目标。而这些可能是你想要思考的具体的目标，你需要设定一些更个人的目标：那些可以帮助你决定你想成为什么样的人和如何度过你的人生的目标。

当你思考你的个人目标时，你的想法就反映了你的价值观。了解你的价值观并设定你的目标。

下面是一些可以帮助你理清你的价值观的问题：

· 我想成为什么样的人？
· 在我的人际关系中我想要给予和接受什么？
· 在组织中我想要投入多少，我最重视的是什么样的组织？
· 我想要居住的环境是什么样的？

- 哪些活动给我带来满足感？哪些让我感觉把时间花在上面是值得的？

比如，假设你知道在你抑郁的时候，你通常会认为你被冷落了。关于为什么其他人会让你失望或没有注意到你，可能你会有很多的想法，可能你已经开始有了让自己回避被拒绝的感觉。这些可能会减少你短期马上受到的伤害，然而并无助于真正问题的解决：你还是不满意你的人际关系。如果是这样，这说明对你来说，和别人建立有意义的关系是重要的。这种情况下，你的目标就是以一种有助于你和别人建立联结的方式与别人交往。你选择的目标基于你的价值观，这对你来说是很重要的，包括像下面这些：

- 我看重聪明和接受良好的教育。
- 我认为重要的是在工作中负责并可靠。
- 我看重友谊，想要拥有好朋友。
- 我认为重要的是要保证我的健康。

以这些方式开始你的目标并不能搞清楚你到底要改变哪些行为。你仍然需要考虑可以让你一小步一小步地接近你的个人目标的小的行为。

### 你的行为符合你的价值观吗？

在思考抑郁可能会怎样影响你的行为之后，想一想抑郁的行为会怎样阻碍你认为真正重视的东西。逐一考虑本章之前讨论的行为内容：社交、家庭、学业、活动、健康和乐趣。你目前每一部分的行为都是想要的那样吗？它们对你现在或将来想要过的生活造成阻碍了吗？对你来说真正重要的一个个人目标是什么？

## 从个人目标到行为

一旦你知道对你来说什么是重要的,你就需要花时间专注在那些可以帮助你达到个人目标的具体行为上。问问你自己,如果你没有抑郁,与你目标有关的行为可能会有哪些不同,或者在你抑郁之前的行为表现是怎样的。这些问题可能会帮助你确定一些需要你注意的行为。

针对这一点,最好是尽可能多地去罗列行为。在上文想要与别人建立联系的例子里,你可能包括的具体目标有:

- 对别人微笑。
- 打招呼。
- 邀请某人看电影。
- 在作业方面帮助某人(或请求帮助)。
- 加入一个社团或运动队。
- 午饭时请求和一群人坐在一起。
- 发起一个谈话。
- 放学后一起玩。
- 参加学校的运动会。
- 参加学校的舞会。

> ❖ **想一想**:知道你想要什么就朝着它不断前进。
> 前进的意愿可以让你朝着你的目标去进发。

刚开始时你列出的一些行为可能太难了,你可以先保留它们,直到你尝试完那些更容易的行为。

没有一个目标行为会有立竿见影的成功效果。重要的是开始朝着你的目标前进:行动起来。采取单独行动远不如采取一些行动重要。

| 支持我的价值观的目标行为 ||||
|---|---|---|---|
| 简 单 | 较 难 | 更 难 | 最 难 |
|  |  |  |  |
|  |  |  |  |
|  |  |  |  |

## 积极主动的行为

仅仅有一个可以帮助你完成重要目标的行为列表是不够的，你需要真正去执行它们；而且你需要频繁地、不断地坚持去做，这样它们才能起作用。这就意味着你要积极主动。为了能够积极主动，你需要一个行动计划并保证你自己会按照这个计划去做。作为一个积极主动的人，你不是仅仅应付那些你必须处理的事情，你需要把命运掌握在自己手里！

> ❖ **想一想**：没有人会计划失败，但很多人的计划都失败了。
> 为你想要的改变制订计划。

积极主动的计划需要把你重视的事情分解成你可以执行和监控的目标行为。选择这些行为时要具体，确保一开始时是一些小的行为。一个像"对人友善"这样的行为，既让人觉得过于宽泛难以驾驭，又不够清晰。更好的行为可能是从"给某人一个赞美"或"在上课的路上对三个人微笑"开始的。

通过积极主动地要求你在一个长的时期去坚持你的计划而获得进步，不要期望可以马上解决所有问题。一旦你心里有了一个目标（或几个目标）并确定了可以帮助你接近目标的小的行为，就开始建立每天的目标并把它们纳入你的生活中。从你列表上最简单的行为开始，在你取得了一些成功之后，那些较难的行为似乎就更容易应付，即便它们只是很小的行为。

通过采取行动让你的生活产生想要的改变是在增加自主权。小的改变通常能够带来大的不同。当你识别抑郁行为的同时，在朝着更好的方向上，通过一小步一小步地去应对时，你会看到在你的思维和感受上也产生了不同。对于健康行为的正强化会让这些行为更容易维持下去。当你采取行动，一个目标一个目标地朝着那些你看重的目标前进时，想法—感受—行为的环路就开始良性循环起来。

## 记录你的计划以及对于行为的影响

当你变得更加积极主动时，记录行为上发生的事情对你会有帮助。使用一个这样的表来记录你计划的行为。对每个行为进行评分（从1级到10级），你有多享受这个行为（它所产生的情绪）以及它所带给你对生活控制感的程度。你可以把这些都记录在你的日记里，这样你就有了一个自己随时间进步的记录了。

日期：_____

| 今天计划的行为 | 是否完成 | 享受评分 | 控制评分 |
|---|---|---|---|
| 1. | | | |
| 2. | | | |
| 3. | | | |
| 4. | | | |
| 5. | | | |
| 6. | | | |

（评分等级：1 = 无，5 = 很好，10 = 太棒了！）

## 写日记的方法

你意识到的快要抑郁（或已经抑郁）的信号是哪些行为？你能做的可以让你接近个人目标的小的变化是什么？你准备好做出这些改变了吗？请记住你现在所能做出的一个小但重要的改变是向你自己做一个书面的承诺，保证一小步一小步地去做能让你变得更健康的行为。

## 概括总结

1. 抑郁的行为可以增加你有抑郁想法和感受的可能性，最终会妨碍你的日常生活和人际关系。

2. 为了改变你的情绪，要改变你的行为。要行动起来，即使可能你并不喜欢这样做。

3. 基于你的价值观去设定目标。想一想对你来说什么是重要的，目标会给你方向。

4. 为了鼓励你自己保持进步，要把目标分解为易于应付的步骤，这叫作要积极主动。

# 第 5 章
# 思维对抑郁的影响

请记住，除了改变你的行为，你还能通过改变你的想法来打破抑郁的怪圈。特定类型的想法往往导致抑郁的感受。

## 抑郁的想法来自哪里

许多不同类型的挫折、失败和失望都会使你在未来更容易出现抑郁的想法。假如有人伤害了你的感情，假如你和朋友、家人分离，或者假如你失去了你依恋的那个人，你就更可能感到孤独。孤独会让你歪曲地去解释别人是如何对待你的，会让你匆忙地做出错误的、有害的结论。

经历失败也会让你更倾向于有抑郁的想法。当你试着达到一个目标但没有完成时，你可能会对自己说你是不能达到那个目标的。如果你之前重复尝试过多次，或目标似乎很容易达成，就更可能有这种对失败的反应。如果你开始告诉自己更多的努力只会导致更多的失望，有可能你不会再次去尝试了。这种"我不能"的想法会外溢到其他你想做的事情上，或者它们会引发你对自己的想法、一些会阻碍你进步的想法，你甚至可能会开始消极地、气馁地责怪自己。

抑郁的想法还可能来自你的周围环境。例如，有些家庭成员或同伴群体更倾向于表达消极的信息。当你重复地听到这样的信息，你也会表现出这样的思维方式，即使他们说的和你根本不相关。这种抑郁想法的例子包括："我很可能会丢掉我的工作。""事情总是不对劲。""这个学校是最差劲的。""尝试有什么意义？"一次又一次，你就会被带进他们的思维方式里。当你不断地面对绝望和失败，你也会开始以抑郁的方式去想问题。幸运的是，你可以学习变得能够意识到那些无益的思维方式，并去抵抗抑郁的想法和自我评价。

第一步就是要识别抑郁的想法。

> ◆ **想一想**:"不能"会夺走你的希望。
> 想一想你如何能够以一种有益的方式去看待事情。

## 识别十种抑郁思维

如果当你有抑郁想法时你能够注意到,你就能挑战它们并对你内部的"自我对话"做出改变。抑郁的想法会歪曲你看待世界的方式。记住这点,我们建议你把这些想法开诚布公地说出来,而不是建议你仅仅告诉你自己那不是真的或代之以一种空洞的动员式的讲话。去挑战这些想法的准确性,同时去思考是否有一种不那么消极的或更加符合现实的方式来想事情。

抑郁的思维会以不同的方式歪曲你对世界的看法。我们要讨论的第一种歪曲的思维是"全或无"(all or nothing)思维。

"全或无"思维。通常我们的抑郁想法是过度概括化的,有时也被叫作"以偏概全"(overly general)或"全部性思维"(global thinking)。因为这样的想法包括了把一个以某种特定方式(如何)、发生在具体时间(何时)、具体情境(何地)、具体个人(谁)的特定的负性事件(什么),假设性地用到了所有的"人、事件、地点、时间和方式"上。"全或无"思维会使你以一种过度简化的思维去思考,导致你对关于自己的事情和经历的了解都只是部分事实。

如果你太多关注那些和你自己消极的或自我批评性经历类似的事件,就很容易忽视那些与这些消极经历不相符的积极经验。如果你认为消极的经历会反复发生,你可能会忽略在另一些情况下这些消极经历其实是没发生的。如果你告诉自己消极的事情在哪里都会发生,你可能会忘记过去不曾发生或未来也不会发生的情况。如果你认为一个烦人的情况或事件会永远持续下去,相比于认为它会随时间而过去,你更有可能会出现抑郁的感受或行为。如果你一心只想着这些问题是怎么产生的,你可能会更少关注怎样用不同的方式去做事情。

> ❖ **想一想**:你所告诉自己的可能是鼓励性的,也可能是令人泄气的。
> 　　选择告诉你自己什么时候要谨慎。

当事情不像你想的那样发展时,要注意你这时会告诉自己什么。当你挣扎于抑郁的感受或当你注意到你看不清重要的目标(或表现出了抑郁的行为)时,仔细检查你的想法。去检查这个情况下"谁、什么、何地、何时以及如何"并问问你自己,你告诉自己的事情会不会过于局限或自暴自弃。有下面几个词语的线索可能是"全或无"思维的标志。

　　·谁——你的想法是否包括了"所有人"或"没人"这样的词语?

　　·什么——你的想法是否充满了针对自己的消极词语(比如"愚蠢""胖""笨拙"和"失败者")?你是否给自己贴上了永久不变的标签?你是否会用一些你永远不会用来骂朋友的话来骂自己?

　　·何地——你是否会想"所有地方",但实际上"在这个场合"才是更精确的说法。

- 何时——像"这次"这样的词语，可能会比"总是"或"从不"更符合真实情况。
- 如何——事情不顺利是真的在"所有方式"都是如此，还只是在"这种方式"时如此？

让我们思考一个例子。一个女孩去参加学校的舞会，但没有人邀请她跳舞。她可能起初体验到了这些"谁、什么、何地、何时以及如何"：男孩们不喜欢我，我可真是一个失败者，我不会再跳舞了，没有人会来请我跳舞，所有其他女孩都有男孩和她们跳舞，那是我生命中最糟的一个晚上。

听起来很消极，是不是？想一想下面这些可能让她有不同理解的替代性的想法：

| 原来的想法 | 替代性的想法 |
| --- | --- |
| 男孩们不喜欢我。 | 很多我认识的男孩没来这个舞会。 |
| 我可真是一个失败者。 | 当我和女孩们一起跳舞时，夏琳还赞美我的舞步了。 |
| 我不会再跳舞了。 | 我喜欢跳舞。 |
| 没有人会来请我跳舞。 | 很可能会有人来请我跳舞，如果没人来请我，我可以请一个男孩和我跳。 |
| 所有其他女孩都有男孩和她们跳舞。 | 也没有男孩和妮可、格蕾丝和玛雅跳舞。 |
| 那是我生命中最糟的一个晚上。 | 音乐很好，我的服装也很棒。 |

请记住，你的目的不是假装的或仅仅把消极的转化成积极的，对某些事情失望也是可以的。你的目的是在某件事进展不顺利时，了解那些开始增加的并占据整个事情的想法。挑战你的"全或无"思维可以帮助你把失望限制在那些真的不太好的部分（而不是所有事情！）。逐渐地，你就可以改变你习惯的思维模式，从自动的全部消极思维转变成更具体、更符合现实的思维。到最后，"全或无"的替代思维就找到了某种妥协。改变抑郁的"谁、什么、何地、何时以及如何"可以让你深入理解打破这些过程的策略。

> ❖ **想一想**：你不是必须相信你心里所想的。
> 想一想抑郁的想法是否是对现实的歪曲。

"全或无"思维并不是唯一可以歪曲你对世界的看法而令你陷入抑郁循环的思维类型，还有下面一些类型的抑郁思维方式。

**分类思维**。作为人类，我们具有把事物分门别类的能力，这是有助于我们简化认识并理解世界的方式。但是以分类的思维来考虑别人或你自己就过于限制了，这会局限和歪曲你的经历。如果你对自己的看法太过于专属符合某个特定的分类，如果你有时不符合那个框架，你就可能会感到不舒服。例如，如果你把自己看作是一个"好人"，在你做了不友好的事情时，你的羞耻感就会超出必要的范围；或者如果你把自己看作是一个模范生，你在遇到学习问题时，就很难向父母、老师或你自己承认这一点。

分类思维也会导致当别人没有按照"他们应该做"（基于你把他们放在你的那个期望类别中）的那样去做时，你会变得过度失望。例如，你期望老师、父母、教练或其他有权威的成年人可以绝对的公平，当他们没做到时，你会感到受了极大的伤害；你期望朋友总是应该彼此支持，当他们忽略你时，你会认为你根本没有朋友。

"应该"思维。"应该"思维是分类思维的一种，来自对这个世界应该是怎样的强烈信念。如果你倾向有一个非常严格的对错观念，你和别人在特定情况下应该怎么做，你就会更容易受到"应该"思维的影响。当你坚信你应该总是做到最好、永远要符合某种特定的期望时，当你或别人犯错时，这种思维就会产生不可原谅的感觉。你是否发现你常常告诉自己应该做某事或本应该做某事？当你对自己能做多少的期望更加符合现实不那么严格时，你是不是会觉得更自在一些？当别人做了你认为不对的事时，你会不会特别懊恼？让这些经历过去是不是很难？现在是时候问问那些在你大脑里的"应该"是在帮你还是在害你！

"应该"可以是对别人的期望，或是反映了对世界总体不现实的完美期望。如果你过于严格地秉持这样的信念——生命应该是平等的、人们应该是可靠的、努力工作应该获得好的结果——那么当你遇到与这些信念不相符的事情时，你就会觉得被背叛或被打败了。

**关注消极面，忽略积极面。** 有些人倾向于对发生在他们身上的坏事而不是好事更敏感。或者，当发生的一件事既有好的方面也有坏的方面时，他们可能只看到坏的方面。如果你发现你常常抱怨（说出来甚至仅仅在心里抱怨）生活里面全是坏事时，你要想想你可能忽视了哪些积极的事情。同样，这并不等同于要忽视消极的事情，这意味着你至少要给予积极方面同等的关注，最终你会获得一个更加平衡的、符合现实的观点。你是否过于关注父母限制你使用电子产品，而没有去想实际上是他们给你买了这些电子产品？你是否觉得必须待在家里做杂事，而不能和朋友出去玩完全是件烦人的事？你是否提醒自己，有很酷的朋友可以一起出去玩是你生活中的一大优势？

**选择性的消极记忆**。选择性的消极记忆与关注消极面相似，但包括了改写历史。随着时间推移，记忆会发生变化，并且只有部分可以被回忆起来，这是正常的。如果你和自己重复说的事情开始朝着一个消极的方向变化，或者如果你倾向花更多时间去想那些让你觉得痛苦的过去经历，你就在增加你整体的抑郁感。当你心情不好时，这种记住消极的事件和情况的倾向会固定下来。可能你不需要尝试，就会开始从过去的经历中去搜寻那些支持你消极印象的证据。迟早，你会真的改变你对这些经验的记忆。如果你常常有选择性的消极记忆，很快你就会发现你已经有一个失败的、痛苦的、不公平的和失望的过往人生，这会改变你现在的体验和经历。例如，你努力地了解新认识的人，但他们没给你同样的回应，如果你把他们的行为与一个过去曾经背叛你的朋友相比，很可能这会让你不想再这么友善了。

**情绪性的推理**。情绪性的推理是指过于依赖情绪而对推理的依赖不足。这种思维模式包括基于你的情绪直接对一个事实下结论，也就是说，决定某事是事实只是因为"觉得是这样"。例如，如果你对参加一个团体会议感到紧张，你会设想去参加就是个坏主意；或者如果你对你的课堂发言感到不确定，你会设想你说的是错的。你是不是发现自己在做（或在想）一些事情时你"就是知道"？读了这本书，你可能会更清楚地明白，基于你的第一直觉反应对现实做出的判断可能是不明智的和无助益的。如果你正处于抑郁中，你的"直觉反应"可能会导致你通过一个错误的镜头去看这个世界。

**个人化**。你是否发现当事情出问题时，你会认为"都是因为我"？尽管在前进的道路上敢于承认犯错是重要的，但是如果你对过于失望的结果的控制程度估计过高（因此要负责），你会发现生活很困难。个人化也可以包括一种对于别人会想到你和你的所有所作所为的感觉。你是否在父母为了钱而吵架时认为是他们想为你上大学存钱？虽然支付大学的费用可能在他们的目标清单上排在前面的位置，但是成年人的经济压力很少只是一个原因。你是否觉得教练关于在场上要更加努力的训话是针对你说的？但是输赢一场比赛取决于整个队的表现。如果你经常以这样的方式看待事情，你可能就有把别人的挫折"个人化"的倾向。

**读心术**。设想你可以没有确实的证据就知道别人在想什么叫作"读心术"。青少年往往自我意识很强，同时也容易自我批评。当你发现你不喜欢自己的某些方面或行为时，你可能设想别人对你的想法与那些在你自己脑海里闪现的念头是一样的。其实更可能的是，没有人会像你那样对自己的过失如此关注。你看到的自己身上的很多"错误"或"做错的事"，可能对于你周围的人来说并没有那么明显。事实上，如果旁观者是另一个青少年，很可能他们由于过于关注他们自己的安全感而无暇注意到你！

歪曲别人对你的看法可能会增加你的不安全感、羞耻感和尴尬。也会造成你去回避那些你推测对你有负面看法的人，使你更难看到那些可能并不准确的信号。比方说，如果你的老师在你上课和朋友说话时大声地点了你的名字，你就会更加确信这个老师"讨厌"你，你可能会试着去读他们的心理。你也会回避这个老师，而忽略了他也认为你非常有条理这样的事实。或者如果你朋友的朋友对你不太友好，你就确信他不喜欢你（而事实可能是他当时很害羞或有些心烦意乱），这种也属于读心术。

**放大化或灾难化思维**。当事情出问题时，你的焦虑是不是像雪球一样？你倾向于把一个单个的事情投射到未来会有更糟糕的结果发生？如果你有灾难化思维，你可能会确信此时此地发生的事情会导致未来毁灭性的结果。如果是这样的，你就存在"放大化"的想法，把一个问题放大，让它严重到很难应付。如果到了一个极端，这种歪曲的想法可以导致"灾难化"，你会想象一个可怕的可能后果，并开始相信这是无法避免的。这种破坏性的思维会在你思考你的未来时，你会认为某些目前特定的事件会不可避免地阻碍你今后上大学、获得你想要的职业或在未来取得成功等。

"意义何在"思维。一些青少年甚至还没有试着全面的考虑就先放弃。当你认定问题出现的状况已经表明了没有解决办法、没路可走、没有选择时，就是出现了这种思维。这种思维就像在解决问题和主动应对的道路上设置了一个路障。比方说，如果你有"没人喜欢我"这样的想法，你就不会试着去进行社交联络；或者如果你对自己说"我不擅长体育运动"，你就不太可能去尝试新的运动或其他体育活动，你可能就永远不会发现一项你喜欢的运动了。

如果你发现自己有任何这些抑郁的思维，首先，你能意识到这些就很好，发现这些想法并不简单（尽管随着练习你会更加熟练）！然后，你就必须采取下一步行动去挑战这些想法，寻找和它们相反的证据。

## 挑战抑郁思维

考虑这个例子：

乔的化学考试考砸了。甚至在考试前他就为自己不能达到某种标准而感到沮丧（他认为自己应该能够获得某个成绩）。

乔开始担心他的这门功课的最后成绩会很糟，他的老师和父母会失望（有点儿读心术），他会失去申请大学的优势。事实上，他很可能不会进入"好"大学（这里有点儿分类思维）。如果他没有进入好大学，他可能就不能支持自己了。（停！慢点！乔，灾难化思维正在把你带到一条非常糟糕的路上！）

如果乔可以发现他的一些抑郁思维，想一想这些思维是否是真的，他可能就可以打断这个从一个坏成绩开始的恶性循环。他可以：

- 提醒自己仍然还有时间把成绩提高上去。
- 记住每个人（即使是他的老师和父母）都知道这是学习中最难的课程，也知道他学习很努力，已经尽力了。
- 也关注那些他的成绩好的课程，而不是只关注他学得不那么顺利的课程。
- 对大学做一点儿研究，并不是最难进的大学才是"好"大学。另外，"好"学生并不总是能取得完美的成绩。
- 告诉自己，某一天、某一门功课的某一个成绩是不会影响他今后的整个人生的。

当发生了一些会激发抑郁反应的事情时，停下来，检查一下你正在进行的思维方式。如果你能开始意识到一些本章之前讨论的思维，你就能开始挑战它们。

问问你自己：

◆当事情只是有时发生时，我却告诉自己这总是发生？

◇以一种更具体的方式看待问题会帮助你看到具体的解决办法，或者至少可以帮助你记住消极的事情是暂时的，只是你生活中的一部分，并不是每个对你而言重要的人都牵涉其中。

◆是不是用永久的、消极标签来描述自己，而不是从特定时间的特定行为来想问题？

◇不要用你的弱点或不是你的最佳状态来定义自己是什么样的

人。你是一个复合的个体，有优点也有弱点，会经历好的时光也会有艰难的时候。

◆我是不是忽略了做过的或拥有的积极的事情，太过于看重自己的弱点、错误或没有实现的渴望？

◇不要过分在意糟糕的时刻或不去庆祝好的事情。对于自己好的品质和行为一定要给予赞美。

◆我是不是反复提醒自己过去那些让我沮丧的情境，而不去回忆我以前的成功和高兴的事？

◇吃一堑长一智，但之后就要放下。

◆我的情绪是否凌驾在了理智之上？是否应该关注那些事实的证据以证明我最初的印象是没根据的？

◇事实并不是你的"直觉"。你对一件事的第一印象可能是一个现实的、焦虑的、歪曲的想法和恐惧的复杂混合。对于那些会让你沮丧的事情，检查一下你对它们的解释和理解。

◆是否有什么因素在我目前的控制范围之外，而导致了消极的后果？

◇为自己的错误负责非常重要，但同样重要的是，不要认为你要对那些你不能控制的事情负责。

◆对于别人对我的看法，我是否匆忙下结论？

◇尽管你能清醒地认识到自己的过失和错误，但是很可能别人看不到。如果你相信你看重的某个人和你出现了问题，可以考虑通过询问他们来验证。

◆我对要求自己完美的期待是不是过于严格了？当别人让我失望时我是不是太严厉了？

◇没有人可以一直处于最佳状态。学会原谅自己的不完美，也要原谅别人的不完美。

◆我是不是倾向于担心一个问题会导致之后的问题甚至可怕的结果？

◇当你发现自己正把一个问题渐渐变成一个更大的问题时，坚决要求你自己停下来并保持你的观点。想一想你的状况可以改善，甚至比预期的更好。试着想想你能做些什么来增加积极结果的可能性和减少事情变糟的可能性。

◆我是不是用了让问题似乎无法解决的语言，以至于让我还没尝试就放弃了？我是不是告诉自己我就是无法处理某件事，而不是积极地帮助自己度过艰难的时刻？

◇尝试用一种不同的方式去描述一个问题——建议你可以采取用行动去解决问题的方式，采取积极的措施去应对并照顾好自己。

## 练习重构抑郁思维

花些时间仔细考虑一下可以替代抑郁思维的想法，这是一个很好的方式，可以让你对自己有更多的觉察并帮助你做出重要的改变。写下所有你已经觉察的歪曲的抑郁思维。问问你自己是不是太关注消极方面了。挑战自我，不要去读别人的内心，不要把非个人的问题看作是个人的，不要提前去想所有可能让你设想灾难是不可避免的负面事情。你能想到的可以替代这些的更准确的想法是什么？

| 抑郁的想法 | 更有益和更准确的想法 |
|---|---|
|  |  |
|  |  |
|  |  |

当你开始注意到无益的思维模式并开始积极寻找替代性的想法时，你会发现你的情绪也发生变化了。当你不那么沮丧时，你能发现解决问题的办法，能更好地解决问题，并去从事更值得做的事情。

## 对抑郁思维的思考——反刍思维

是否曾经有一首歌一直浮现在你的脑海中？大多数人都有过这种体验：一个朗朗上口的曲调短暂地重现，不过最终会消失。同样，人们会有各种类型的想法，有些是令人愉快的和有道理的，有些则不是。抑郁的思维也会一遍一遍地在你的头脑中以一种无益的方式重复。能意识到这些重复的想法，是减少它们对你的情绪产生影响的第一步。正如你发现一首歌一直浮现在你的脑海中而不需关注歌词一样，你可以开始注意那些一直浮现在你头脑中的思维。当这种情况发生时，这就被称为"反刍思维"。

你可能相信通过关注一件担心的事情或一个问题，你就会找到一个新的处理方法，能为未来做好准备或解决问题。不幸的是，反刍思维会更多地导致徒劳的思考和抑郁情绪。你可能也相信这是你没办法控制的："它就是发生了。""我无法让它停止。"改变你的思维方式是有挑战性的，但并非不可能。

告诉自己"停止这么想"可能没有什么效果。事实上，甚至让自己"停止这么想"会更难做到。相反，试着给自己一些与这个想法关系不那么大的信息，通过让它们变得不那么有意义和重要，从而让你摆脱它们。在演讲练习时，你是否曾经不断加快速度一遍一遍地重复某个词（比如 toy boat）？如果没有，现在试试看。当你这么做时，这些词在开始有清晰的意思，然后变得越来越难说，直到似乎你在说一些无意义的声音而不是某些词。实际上你已经不再把这些词看作词了，而是把它们转化成了没有清晰意思的对象。另一种理解这个现象的方法是你对词的内容变得"超脱"了。随着练习，你能学会避开你的反刍思维，方法就是脱离你的想法的意义，让这些想法在你的头脑中浮现但没有意义。这叫作"超脱的正念"。

让我们来举个例子。如果一个朋友的行为伤害了你，这种经历激发了的想法的轨迹，就像是一首不断浮现在你脑海中的歌那样。你意识到过去你在头脑中反复回想的很多抑郁想法。你可以：

◆意识到你心里正想着的想法。
◇"回响的声音让我失望，让我对我的社交状况感到担忧。"
◆决定自己不沉溺于这些想法中。
◇"我不会沉溺于这件事里。"
◆让那个想法自生自灭，不要尝试把它推开或给你赋予某种意义。
◇"这些想法会出现，然后它们会离开。仔细思考它们并不会获得任何东西，也学不到任何东西。这就像一首过时的、无聊的老歌！"
◆决定推迟担心，等到晚些时候甚至是明天再想吧。
◇"现在就试着处理没有益处，因为这些想法会把我引到通往抑郁的路上。如果它们真的很重要，需要我重视，我可以晚点儿再想；如果它们没那么重要，那就让它们过去吧。"

能够意识到抑郁的思维模式并不容易。通常这种类型的思维是自动化的，而且发生得很快。同时，这些思维会对你如何体验周围的世界、如果感受和如何行动产生极大的影响。了解那些在你有抑郁思维时可以让你通过质疑歪曲的想法而采取纠正的行为，这样你就有一个机会用更健康和更符合现实的思维方式去取代抑郁的想法。

### 写日记的方法

当你开始能够觉察自己重复播放的抑郁"歌词"时,你是否能给它们命名,记录是什么激发了它们,你是否能摆脱它们,或者你是否能把它们成功地推迟一段时间。随着时间的推移,记录这些抑郁的"歌曲"是否开始播放得更少了或失去了它们的意义。

## 概括总结

1. 抑郁的思维包括了对现实的歪曲。它的对立面就是符合现实的思维。

2. "全或无"思维,分类思维,"应该"思维,关注消极面而忽略积极面,选择性的消极记忆,情绪性的推理,个人化,读心术,放大化或灾难化思维,"意义何在"思维,这些都是歪曲思维的形式,与抑郁相关。

3. 由于抑郁思维包括了不符合现实的歪曲想法,你可以用更准确的想法去挑战它们。

4. 反刍思维是指无益的想法反复地重复浮现在你头脑中。也许你不能停止这些想法,但是你可以通过练习超脱的正念来改变它们的重要性。

# 第 6 章
# 有效地解决问题

有时，抑郁的经历可以告诉你生活中需要被处理的问题。当你想问自己这样一个问题时："是什么造成我以抑郁的方式去感受、思维和行动的？"问题本身可能不会引起抑郁，但是它们可能是很重要的压力源。你有没有下面这些压力？

- 学习表现的问题
- 与朋友的问题
- 和其他孩子（不是朋友）的问题
- 家庭的难题
- 和老师、教练或其他成年人的问题
- 在你生命中所失去的
- 疾病
- 最近的生活变化（比如搬家或转学）

有些时候，问题可以得到解决、管控或者至少好转。可能你能够做出对问题有帮助的改变，或者能够获得一些能起作用的帮助。如果你在学习、工作或运动上正好遇到了麻烦，你可能需要提高一些特定的技能。

在其他一些时候，你无法改变局势，因此你需要可以更有效地处理压力的技巧。一些问题可能不能被直接解决，因此你需要寻求应对困难的方法。

> ❖ **想一想**：了解你所能控制的范围。
> 掌控你能掌控的事情。

一旦你确定了你目前的压力，想一想，它们是可以解决的问题还是无法改变的局势。例如，如果你为考试成绩而担心，那么有一些具体的措施是你可以采取的。但是如果你的家庭最近搬到了一个新的城市，你是不能搬回去的，在这种情况下，你需要学会应对搬家这种情况。你会在下一章读到更多关于去应对你所不能改变的情况。

### 策略性地思考改变

1. 为你目前面临的困难做一个表格。在那些你自己能改变的问题旁边写上"改变",在那些你需要帮助的问题旁边写上"帮助",在那些无法改变但需要你接受的问题旁边写上"接受"。

2. 在你写"改变"的问题旁边,标注出你能如何做出改变;在你写"帮助"的问题旁边,标注出谁能帮助你以及如何帮助;在你写"接受"的问题旁边,写一个你是如何接受你必须处理的问题办法,以及你如何让这些问题不干扰你的其他方面的生活。

3. 在最后一列,写下这些行为最可能引发的结果。记录你的应对策略是如何抵消掉你无法改变的经历或事件所带来的不安感的。

## 有效解决问题的六步骤

当你可以直接处理一个麻烦的情况时,你可以使用下面这些解决问题的策略。

### 创建行动计划

步骤1:确定问题。

步骤2:找出你想要看到发生的事情。

步骤3:进行头脑风暴,找出几个可能的解决办法。

步骤4:评估每一个解决办法。哪些更可行或更有效?

步骤5:选择一个解决办法并进行尝试。

步骤6:评估结果。你的计划进行得怎么样?你需不需要创建第二个行动计划?

例如，假设你经常弄不明白数学作业。如果你决定不再去想它，你可能就不会交作业，之后在你成绩下降时你会感到沮丧。但是你可以试着直接解决这个问题，并找到一个更好的解决办法。

> ❖ **想一想**：所有人都有自己的问题。
> 　　适应需求寻找解决办法。

1. 把问题写下来："有时我弄不明白数学作业。"
2. 把你想要看到发生的事情写下来："我要完成作业并交上去，我就能够得到学分。"
3. 进行头脑风暴，找出可能的解决办法："给朋友打电话，给老师发邮件，花更多的时间在作业上并更努力地尝试想出答案，找爸爸帮忙。"
4. 评估每一个可能的解决办法："有时我可以给朋友打电话，但我不想总这么做。老师确实说过可以给他发邮件，我可能应该这么做。我真的不觉得花更多时间在作业上会有任何帮助。爸爸试着辅导我的作业时，我们常常会以争吵收场。"
5. 选择一个解决办法并进行尝试：你可能决定有时打电话问同学，有时给老师发邮件，这样就不会总是去麻烦同一个人。这样尝试两周，然后评估是不是有帮助。
6. 记录你的计划进展得怎么样：你的策略有用吗？你需要进行头脑风暴，找出更可行的解决办法吗？

> ❖ **想一想**：生命中并无"正确"答案。
> 　　解决问题需要灵活性和毅力。

## 有效解决问题的障碍

如果你的行动计划没有用，可能是因为你遇到了几个常见的障碍。让我们逐个来看看这些障碍。

**给问题下定义**。第一个障碍出现在你确定问题时。你选择描述问题的方式可以深刻地影响你能否成功地解决它。如果你的描述是基于我们之前提到过的抑郁思维，这种情况就更可能出现。比方说，我们之前说过的那个问题，如果你把问题定义为"我很蠢"，那么就很难想出办法来改变它。

当一个问题似乎无解时，有帮助的是去"重构"它。重构指的是采取不同的角度或用一种新的方式去定义事情。如果你用抑郁的想法（比如"全或无"思维、分类思维或灾难化思维）去定义问题，那么对于问题的描述很可能会挡住你的视线而让你看不到可能的解决办法。

在你确定一个问题时，要考虑看待它的几种方式。问问你自己："我真正想要（或不想要）的是什么？"通常能够意识到你的抑郁想法并挑战它们，会有助于给你一个看待问题的新视角，然后用这种对解决问题有效果的方法去描述这个问题。

**变得不知所措**。有时可能你对如何解决问题有一个很好的主意，但是如果你没有办法克服对于改变带来的焦虑或恐惧，那么你可能就会失败。你可能羞于寻求帮助，或仅仅由于抑郁而缺乏执行计划的精力。请记住，把一个任务分解为更小的、更容易的步骤，有助于让进步更容易。你不需要用一个巨大的跨越作为开始，小步子也有助于你进步。

**太快放弃**。你知道有句名言"再接再厉，终会成功"吗？一旦你想到了一个合理的解决办法并开始执行，总有可能它会不成功。这不意味着就没有解决办法了。你可能对自己缺乏耐心，需要在一段更长的时间里去尝试解决的办法；或者可能是时候重新再仔细检查一遍问题解决的过程了。问问自己，是不是有看待这个问题的不同方式。如果你不能落实一个计划，想一想是否可以从甚至更小的步骤开始。

**愤怒的障碍。**压力情境会引起一系列的情绪。最困难的一个就是愤怒，这个情绪可以通过抑郁被放大。当你愤怒的时候，很难保持头脑清醒或控制好你的行为，而这会为有效解决问题带来困难。在这些时候，你需要先平复你的愤怒。处理烦人的事情和愤怒的起因对于任何人都不轻松。愤怒有很多滋味：挫败、烦躁、暴怒、厌烦等。有些愤怒的形式是温和的或转瞬即逝的，有些是十分强烈的。

### 区分愤怒的感受（Ⅰ）

把有关愤怒的词语列在卡片上，或在电脑上录入一个文件里。一旦你有至少 10 个词语，按照强烈程度把它们排序。随着情况的出现，用这个排序级别来帮助你把你的感受转化成相应的词语。

## 克服愤怒的障碍

不同强度的愤怒要用不同的策略去平复。通常，愤怒越强烈，你的身体的感受越多。你可能也会发现，你的身体的不同部位感到的愤怒，取决于愤怒的强烈程度。比方说，如果你只是暂时的心烦（你可能通过头部的紧张感、咬紧的牙关或肚子疼感觉到了愤怒），最好的策略就是告诉自己"随它去吧"；中等程度的愤怒通常会让人感到心跳加速、喉咙发紧、焦虑不安，让你感觉必须要动来动去；如果你感受到的是暴怒，那么你可能感到浑身都是紧张的，你可能感到眼睛里面有泪，拳头可能也是握紧的，你可能有一种要气炸的感觉。当愤怒强烈的时候，在想清楚如何解决这个引起愤怒的问题之前或更有效地应对让你生气的对象之前，你需要先找出一个方法来平复你的愤怒。

**让愤怒的想法冷静下来。** 在前面的章节里，你学到了想法是怎样和感受相关的。看看下面这些想法，哪些会让人更生气？哪些有助于平复愤怒？

"我受不了那个人了。"

"我永远不能让这个起作用。"

"我可以应付这个。"

"老师总是放过她。"

"这是个暂时的烦恼，如果我忽视它，它会过去的。"

"我不需要为这个生气。"

通过练习，你可以训练自己想出一个方式来帮助自己平静下来，然后你就有一个更好的心态来谈论是什么让你生气，并使用有礼貌的语言清晰地表达观点：

"我不喜欢那样。"

"我这么沮丧是因为……"

"我生气是因为……"

"当你……我觉得伤心。"

## 区分愤怒的感受（Ⅱ）

记录让你感到愤怒的经历。记录发生了什么，你的愤怒有多强烈［使用"区分愤怒的感受（Ⅰ）"中的排序级别］，你说了和做了什么，结果是什么。你可能会发现，随着你学会区分不同程度的愤怒，也许你不太会因为那些小的烦恼而困扰了。另一方面，如果有些事仍然令你困扰，你要想出一个办法来解决这个问题。有没有什么事情是需要你用不同的方式来处理的？对于现在还在困扰你的事情，有没有什么事情是你现在可以做的？

第6章 有效地解决问题

**愤怒使问题更糟糕。**对于一些人来说，愤怒的爆发会让沮丧的情况变得更糟，甚至还会引起其他生活方面的更多问题。有时，当一个人无法达到目标时，那种持续的难过会导致愤怒性的防御。不过，除了愤怒引发难过，有时难过也会导致愤怒！下面是一个例子：

布兰登以前和他的父母相处得很融洽，但是最近他有些心烦。放学回家后他就直接回到他的房间。妈妈去敲他的门，他吼一句："进来。"妈妈问他在学校过得怎么样，布兰登瞪着眼睛说："就是上学。你觉得能怎样？"妈妈说："我不喜欢你这样的态度。"很快，两人都开始大声嚷嚷起来。

发生了什么呢？布兰登的表现是烦躁而愤怒，但是他没说他有多难过。他没说有一部分原因是他没有意识到自己的想法，不能理解自己的情绪。在他的困惑中，他拿妈妈来出气。

布兰登的妈妈明智地做法是等布兰登冷静下来，然后再询问他，他们是不是可以聊聊。妈妈去帮助布兰登识别他的情绪。他们聊到了布兰登很难过是因为没能加入校篮球队，也担心他的成绩。一旦他们理清了布兰登的情绪，布兰登就能意识到他用愤怒回应了妈妈并没有恶意的询问。他们都认为布兰登在放学后需要一些时间冷静下来，妈妈最好能等一等再和他说话。

正如你所看到的，有些想法会增加你的怒火让你更生气，而有一些是可以降低你的愤怒情绪的。在和妈妈说清楚之后，布兰登意识到他以前的想法是："妈妈总是逼我太紧，她应该躲远点。"当妈妈表示她靠近布兰登是因为关心他，布兰登的想法变成了："妈妈关心我，但是放学刚回家时我觉得筋疲力尽，我需要先歇会儿。"在识别了布兰登的情绪和想法后，他和妈妈就能解决这个问题并提出一个他们两个人都认可的计划。

> ❖ **想一想**：正在爆发的火山会让所有的生物逃开。
> 冷静下来，平静地谈话才能让别人愿意听。

**自信而坚定地表达自己。** 表达强烈的或不舒服的情绪不一定就非要大声叫喊或失控。事实上，用这种方式表达愤怒很可能事与愿违，让你处于一个更不利的境地。尽管如此，你也需要去维护自己，这被称作"自信而坚定地表达自己"，这是一个非常重要的技能。自信而坚定地表达自己和大声叫喊或攻击性的行为有很大区别。自信而坚定是以某种方式表达你自己，请别人尊重你的利益、关切和情绪，这比把情绪隐藏起来要好很多。当你不能维护自己时，别人会欺负你。有些人担心如果维护自己，别人会不喜欢他们，他们认为生气是错的。但是你有权利拥有自己的需求和情绪，如果你不告诉别人，他们不会知道你在想什么或你的感受是怎样的。

### 自信而坚定地表达自己

1. 说出困扰你的事。
2. 说出你的感受。
3. 要求你想要的。
4. 说出怎样做会让你的感受发生变化。

以下是艾丽西娅练习自信而坚定表达自己的过程。艾丽西娅和朋友塔莎正在为毕业舞会买裙子。艾丽西娅看上了一条漂亮的亮晶晶的蓝色长裙，她想要试试。塔莎一眼就喜欢上了艾丽西娅胳膊上挂着的这条裙子，塔莎说："我觉得这个款式穿在我身上会更好看，我要先试。"

艾丽西娅应该说什么？按照下面的步骤去做会更自信而坚定：

1. 说出让你困扰的事。艾丽西娅可以说："塔莎，我想先试试这条蓝色裙子。"

2. 说出你的感受。艾丽西娅可以说："你说你穿上比我更好看，让我觉得不太高兴。"

3. 要求你想要的。艾丽西娅可以说："我希望你帮我找一件适合毕业舞会的漂亮裙子。"

4. 说出如果别人尊重你的需要，你会有什么样的感受。艾丽西娅可以说："当我们互相帮助时，我觉得你是我的朋友，我特别开心！"

大声叫喊、跺脚或拒绝做别人要你做的事都是攻击性的行为，不是自信而坚定的做法。攻击性的语言或行为是伤人的、不适宜的，会让事情更糟。保持沉默和一味附和是被动的，尽管这样做不会伤害别人，但长期来看会伤害到你自己。那些把自己的想法和感受憋在心里的人，最终会感到无法承受，很可能在积累过多时爆发出来。

### 练习自信而坚定地表达自己

想一件你希望自己可以更自信而坚定表达自己的事情。你希望你当时说什么或做什么？你认为事情可能会出现怎样不同的结果？注意不要对发生的事去批评自己，用过去的挫折来帮助自己，为下一次类似情况的发生做准备。

通过练习自信而坚定地表达自己，你不会凡事都不说出来，相反，你会用一种不伤害别人的方式来表达自己的立场。即使你直接说出你的愿望和需求，你也不总是可以获得你想要的，但有时候还是可以的。在这个过程中，你会赢得别人的尊重并提升你自己的自我价值感。

当你意识并承认你的感受时，练习那些可以减少愤怒、可以有礼貌并冷静地谈论问题的想法，你就更不可能会失控。当你自信而坚定、坦率地处理问题时，你就更可能发现有助于缓解抑郁的解决办法。

### 攻击性的，被动的，还是自信而坚定的？

你不明白老师上课讲的内容。你

1. 回家后大发脾气，大喊大叫地说你有一个差劲的老师。
2. 什么都不做，希望以后的考试题里没有这个课上的内容。
3. 询问老师是否能够课后去找他，因为你需要一些额外的辅导。

和你一起玩的孩子们想看一个电影，但你不想看。你

1. 很生气，然后待在家里不出去。
2. 什么都不说，只是附和跟着去，最后占用了你这周的娱乐时间。
3. 说："我对那个电影不太感兴趣。"然后提议看另一个。

有人叫你傻瓜。你

1. 冲他们尖叫，然后用同样的方式叫他们。
2. 什么都不说，一笑而过。
3. 用冷静的声音告诉他们，如果他们觉得不高兴，你感到抱歉；如果他们可以冷静下来，你很想聊一聊。

你的父母要你洗碗。你

1. 冲他们嚷,说他们总是打扰你,让你干这干那。

2. 尽管心里急着今天要比平时花更长的时间准备考试、完成项目、练习足球,但还是去洗碗了。

3. 解释你今天压力很大,询问可不可以今晚不洗碗,等到周末时再补上。

如果你的大多数答案都是1,你可能脾气比较火爆,可能你会发现,如果你试着用一种自信而坚定的方式表达自己,别人会更容易接受你的需求。如果你的答案是2,你可能让别人侵犯到了你的需求。如果你倾向于答案3,在维护自己方面,你做得不错。

## 写日记的方法

想一想这样的情况:在你生气或沮丧时,你的表现或者是让事情变得更糟了,或者是没获得你需要的你就退缩了。当你面临这些情况时,记录你今后可能会怎样自信而坚定地表达自己。这会让你期望的结果发生什么样的变化?

## 概括总结

1. 练习有效解决问题的六个步骤：确定问题；找出你想要看到发生的事情；进行头脑风暴，找出几个可能的解决办法；评估每一个解决办法；选择一个解决办法并进行尝试；评估结果。

2. 学习识别常见的解决问题的障碍：确定在某种程度上会阻碍解决办法的问题，忘记从容易控制的步骤开始，太快放弃，愤怒阻碍了清晰地思考、计划和行动。

3. 请记住，自信而坚定地表达自己是一个很有价值的技能，可以让你表达你想要的、你需要的或者维护你自己。

# 第 7 章
# 积极地应对

当出现一些不能直接解决的问题时,你需要找出进行调整的办法。这类问题的例子比如父母离婚,爱的人或宠物去世,受伤或生病,搬新家和转学,友谊破裂。这些情况下大部分是我们不能控制的,但仍然有很多方法可以处理生活中的难题。即使在你不能直接改变情况时,你仍可以选择做出什么样的反应。

## 积极主动地制订应对策略

在你使用一个解决问题的方法时,花时间计划一下应对策略(而不仅仅是陷入沮丧的感觉中)是很重要的。尝试想出尽可能多的选择,在有助于渡过难关的事情上投入你的时间和精力。如果这个挑战过于困难,你需要向父母或老师请教一些建议。

可以做一些事情来转移你的注意力,比如做有意义的事、结交新朋友,或者找到可以提供支持的人。进行头脑风暴,可以采取不同的行动,考虑每个行动的利与弊,然后采取利最大、弊最小的那个。当你确定一个问题并使用应对策略时,你就是积极主动的,在艰难的情况下你专注于你能做的事,这会帮助你感觉好一些。尽管你可能仍然会沮丧,但是你这样做,会防止那些无法解决的问题去控制或干扰你的整个生活。

> ❖ **想一想**:为你无法改变的坏事而着急会消耗你的能量。选择把你的努力用在那些可以鼓舞和支持你的活动上。

一旦你确定了这样的问题,你就可以把时间和情境限定在你想处理的事上,找一些办法转移注意力,把你的精力和注意力放在生活中积极的事情上。让我们来看看凯莎对一个她不能直接解决的问题的反应,她必须考虑一些替代的方法并选择其中最好的一个。

凯莎上高一了。在初中时,她曾经卷入一场两群朋友的冲突中,最后她受到了排挤,她觉得那些她从一年级就认识的女孩们背叛了她。凯莎担心在高中也会出现同样的事,她认为在这个巨大的转变期没有支持自己的小团体。整个夏天,她都在玩电脑游戏,避免去像游泳池这样可能会看到学校里其他孩子的地方。凯莎真的非常郁闷,情绪很低落。

最后,凯莎决定做一些不一样的事。她考虑了许多选择:做一份有意义的志愿者工作,尝试去做临时看护小孩子的工作,去上陶艺课,参加高中的活动。凯莎评估了这些选择。因为凯莎是一个很棒的运动员,所以她决定报名参加踢足球的活动。凯莎也不太确定她是否真的想去踢球,但是她参加了季前赛的训练。凯莎积极主动时感觉很好,她遇到了一些会成为她同班同学的女孩,这些女孩不知道她以前的朋友圈,她很吃惊原来每个人都这么渴望交到新的朋友。到开学的时候,凯莎更高兴了,她已经遇到了几个熟络到可以一起吃午饭和在课间聊天的女孩。

从表面上看,凯莎已经从伤害中恢复了,但是这种改善与她积极的选择关系很大。凯莎做出的改变并不大,却是非常重要的。

1. 凯莎找到了她的一个长处(是一个好运动员),并把它当成一个应对策略(去做更多的训练),以此作为一个增加她的人际交往的方式(遇到队友)。

2. 对于凯莎卷入初中时小团体的冲突中这件事,凯莎接受了自己是无能为力的,她选择暂时退出并关注其他可替代的社会支持。

凯莎无法改变发生在初中朋友圈的事情,但是她可以想出有助于处理艰难状况的行动。

## 制订适合自己的应对策略

在生活中艰难的时刻去学习处理自己的情绪,有助于你更清晰地想问题并做出好的选择。要管理你的情绪,就要学习制订不同的应对策略,制订那些适合你的性格、能力和兴趣的策略。

当你觉得沮丧时,你的任务就是让自己平静下来,尝试哪些对你有用。取决于不同的状况,你可能会选择做一些积极的事,或做一些有创造性的事,或放松一下,或联系某个人。因为在你沮丧的时候很难进行思考,这些都有助于你想出一些有用的主意。

---

### 让自己平静下来的策略

在纸上写下(或在手机里存上或在卡片上记下)四列内容。每列分别命名为"行动""尝试""放松""联系"。每列多留一些地方,在你想到其他主意时可以添加在这个列表上。下面是这个列表的例子:

**行动**
- 投篮。
- 跳绳。
- 散步。
- 跳舞。
- 骑自行车。
- 举哑铃。

**尝试**
- 画画。
- 编织、缝纫或钩织。
- 为喜欢的歌填新的歌词。
- 写一首诗。
- 烹饪(汤和沙拉可以让你发挥创造力)。
- 建造一些东西。
- 修复一件旧家具。

| 放松 | 联系 |
|---|---|
| ◎ 阅读。<br>◎ 打个盹儿。<br>◎ 去一个安静的地方看看云朵的变幻。<br>◎ 看星星。<br>◎ 泡澡（如果你喜欢的话，加上泡泡浴液或尽情唱歌）。<br>◎ 做一些放松练习（见第8章提供的办法）。 | ◎ 打电话跟朋友聊一聊。<br>◎ 计划一个可以和朋友（或一群朋友）一起做的有趣的活动，联系朋友并告诉他们。如果大家的时间不一致，一定要先把计划记下来，之后再去尝试。<br>◎ 和父母坐一会儿。问问他们的生活，也把你的一些事情告诉他们。<br>◎ 去一个你可以和别人待在一起的地方，即使你不需要说话。在图书馆做作业就是一个这样的好主意。<br>◎ 邀请兄弟姐妹一起玩个游戏。<br>◎ 放学后和其他朋友聊聊天。<br>◎ 去看学校的运动会或科学展，并不一定非要作为参加者去。<br>◎ 参加一个当地的庆祝活动。<br>◎ 作为志愿者为幼儿园的小朋友们读书。 |

当你情绪低落或沮丧时，当你需要可以帮你快速获得一些采取行动的主意时，就可以用这个列表。这个列表可以当一个备忘录用，用来提醒当你遇到不能改变的事情时你可以

采用哪些行动来应对。如果列表上有些重叠也没关系（比方说，照顾花草既包括了行动也包括了创造力）。有些主意可能需要提前计划，那也没问题，在你沮丧时把你需要的东西放在手边一段时间，这样你每天就可以定期地做某件事去应对问题了。一有新的主意就加到你的列表里，经常看一看来提醒自己你所具备的主动应对的策略和方法。

## 制订自己的应对游戏策略

当你不知所措或沮丧时，很难在你需要时想出一个策略来应对这些困难的情绪。这时，通过一些"转变"策略有助于转移你的准备和等待的注意力。考虑一下，在你状态好或心态平和时，花些时间为那些可能在之后的道路上不可避免遇到的意外事情制订一些策略，下面是一些新主意：

1. 开始收集一些带有激励或抚慰图案的明信片（与此同时，你还可以使用卡片，如果你有艺术特长，你还可以装饰其中的一面）。在每张明信片上写一些关于自己的优点，把它们放在一个特殊的地方并定期增加。

2. 做一个放松音乐的播放清单。

3. 做一个你喜欢跟着跳舞的音乐播放清单。

4. 做一个有激励作用的"名言警句"或励志人物的传记（或电影）的清单。你可以很容易地在网上找到这些，选择那些对你有益的。

5. 细心观察其他人的应对语言。在你的日记里或卡片上，记下你听到别人说的或做的那些可以帮助他们去应对的内容。

在你制订自己的应对策略时，了解你能改变的和不能改变的，在积极的行动上投入一些精力，你能更好地管理青少年时期常见的过山车式的情绪。在接下来的几章里，你会学到自我关心、扩展你的社交活动和发挥你的优势的重要性。当你学会和练习一些应对策略时，在你发现自己开始滑入抑郁的深渊时，你就可以更好地让自己爬出来。

### 写日记的方法

使用你的日记来观察哪些应对策略对你最有效。你积极锻炼身体吗？你倾向于在做脑力活动或发挥创造力上做得更好？这个策略有助于你去和别人接触吗？在使用应对策略时，你感觉到难易程度怎样，在今后你需要怎样做才能更容易地把它们付诸行动？

### 概括总结

1. 在面对你不能解决的问题时，如果有应对策略就可以成为你对抗抑郁的重要资源。

2. 行动、尝试、放松和联系是你可以逐渐掌握的四类应对策略。

3. 制订一个适合自己的应对策略清单，当你需要时拿来用！制订一个积极主动的应对策略是防范抑郁的重要措施。

# 第 8 章
# 照顾好自己

作为一名青少年，在生活中你会有很多选择：听什么样的音乐，参加哪个学校社团，做哪种运动，浏览哪个网站，等等。所有这些选择都是与自我关心有关的日常生活的选择。你所做的选择让你的压力增加还是降低？你所做的选择从长远来看会保护你的健康、幸福还是会给你带来伤害？了解思想与身体的关系有助于管理沮丧的情绪，比如愤怒和挫败感，也能降低抑郁。当你平静而健康时，你就能更好地控制自己的情绪，面对生活的挑战。

你的思想和身体是密切相关的，二者互相会产生影响，即你的思想和情绪上感受到的压力在你的身体上也会有感受。例如，当你在很多人面前作报告时，你可能会担忧，可能会觉得肚子也跟着发紧；或者，当有难过的事情发生时，你的全身都会觉得很累。这是因为你的思想和身体是一起工作的，下面有一些你可以采纳的建议，包括思想和身体两方面的调整，可以帮你保持良好的情绪。

## 照顾好自己的五种方式

思想和身体的关系体现在日常生活中自己照顾自己所做的那些事上。照顾自己，听起来简单且理所当然，其实不然。照顾好自己很重要，你才能有精力去处理压力和困难。当你获得了足够的休息、放松和有营养的食物，你就可以有韧性地准备好去面对生活的挑战。韧性是从消极的事件中重新振作起来的能力。正如一个变扁的球，它被扔到地上不会很好地弹起来，因为失去了弹性，但如果再给它充上气就又可以恢复。就像这个球一样，你也需要给自己打气，这样你就能从生活中的压力事件中反弹振作起来，你可以通过积极地照顾好自己来增加你的韧性。

你需要明白什么对自己有用。你无法找到一个万能的解决办法来适应所有的生活变化、提高自己的眼界和帮助自己应对，但是有一些基本要素对你来说了解一下是有好处的。

> ❖ **想一想**：即使做出对身体有健康的最小改变，对于形成一个好身体也是很重要的。

**保证充足的睡眠**。很多因素都对抑郁有影响。有些诸如遗传因素，是不太容易控制的；但有其他一些更容易控制的，睡眠就是其中之一。我们已经了解到抑郁会导致睡眠的变化，反过来，缺乏睡眠也会激发抑郁。睡眠不足会让你很难保持头脑清醒和集中注意力，也会通过打乱你的健康饮食模式使你更容易出问题。缺乏睡眠甚至会让青春痘变得更严重，这可不是件好事！

当你去上学、参加课后活动，可能会有一项任务或家庭作业时，保持充足的睡眠就是一个真正的挑战！

### 你知道吗？

**睡眠时间和青少年的身体之间的关系**

研究表明，当你进入青春期时，你的生物钟会发生变化。你以前在晚上9点就准备休息了，现在，你的身体会释放出让你11点上床睡觉的信号。而你的身体还在成长和变化，每晚需要8到10个小时的睡眠时间。❶

---

❶ AAP Supports childhood sleep guidelines.(2016,June 13).*Healthy children*.Retrieved from https://www.healthychildren.org/English/news/Pages/AAP-Supports-Childhood-Sleep-Guidelines.aspx

对很多青少年来说，保证充足的睡眠是很难的。如果你的睡眠正在远离你，要注意了……抑郁可能要开始出现了。

如果你的作息时间变得不健康了，你怎样能知道？考虑下面这些问题：

· 你的作息时间稳定吗？你是否在周末"狂补觉"？"狂补觉"可能是你在一周里没有获得充足睡眠的信号。如果你在周末参加一些在外过夜的活动，那么你可能在周末也得不到充足的睡眠。

· 你会睡不着觉吗？这可能意味着你睡前通常做的事情或许过于刺激了，可能你需要早点儿停止使用电子产品或者早点儿结束和朋友的聊天。

## 记录你的睡眠时间

创建一个像下面这样的表格，记录你的睡眠模式：什么时候上床睡觉，什么时候起床，是否整夜都是睡着的，是否在白天会打盹儿。也记下你在第二天是状态不错还是感觉太疲劳了。同时记录你的情绪状况。在你能看出你的睡眠模式之前，你可能需要这样坚持一段时间。如果你的睡眠不够好，想一想，你能做一个什么样的改变来影响你的睡眠习惯，在两个星期的周期里记录这个改变的影响。

| 日期 | 上床时间 | 起床时间 | 打盹儿的总时长 | 睡眠总时长 | 情绪状况 |
|---|---|---|---|---|---|
| 1月5日 | 晚上10:00 | 早上6:30 | 0分钟 | 8小时30分钟 | 精力充沛，平静 |
|  |  |  |  |  |  |
|  |  |  |  |  |  |

如果你由于睡眠不足而导致早晨起床难，可能是你把自己的内置时钟——你的生理节律往后推迟了。你大脑里的主时钟可能给了你信号让你晚睡晚起。如果是这样，你需要做些努力睡得更早一点儿，把上床睡觉时间提前15分钟。如果你在30分钟内睡不着，那就起来，有可能的话就去另一个房间看书、听音乐或画画（不要用电子设备或看屏幕），当你觉得困时，试着再回到床上。通过这种方法，你会把上床和睡觉（而不是其他活动）联系起来。起初，你可能一点儿也早睡不了，但是如果你一直这样练习，你就会慢慢调整到更早的睡觉时间。这种方法需要几个星期的时间而且需要大量的练习，但是这是值得的。如果还有其他干扰你睡眠的因素，比如打呼噜或腿抽筋，你可以从医生那里得到相关的建议。

你在床上还没睡着的这段时间里应该做些什么呢？本章后面介绍的一些放松方法可能会对你有帮助。

**锻炼身体**。另一个照顾自己的方法是锻炼身体，已有证据显示，锻炼身体有助于缓解抑郁。

如果你参加了体育活动，你已经就在锻炼了；但是如果你参加，请记住，锻炼并不是必须要正式的或困难的，像骑自行车、散步、游泳，都是可以的。锻炼的好处是能够引起大脑里内啡肽（内啡肽是可以改善情绪的神经传递）的释放，内啡肽会让你把注意力从烦恼上转移开，保持健康，让你在有压力的情况下得到喘息的机会。最重要的是，内啡肽能减轻抑郁。

### 冬季散步

在冬天，中午散步有事半功倍的效果，因为中等强度的锻炼和晒太阳可以减轻日光减少对季节性抑郁的负面效果。（关于情绪的季节性变化的更多信息请见第1章相关内容。）

**健康饮食**。研究者表明，良好的营养可以防范抑郁。在你忙碌的时候，建立健康的饮食模式很难；但是当你用富含营养的食物为身体补充能量时，你就有精力度过一整天而且思维也更加敏捷。可能你已经知道下面这些重要的信息了，但还是值得再重复一遍：

· 一定要吃早饭。要有规律地吃饭，你就不会想吃垃圾食品了。

· 吃各种各样的食物，包括水果、蔬菜、含蛋白质的食物以及全麦食品。多喝水。

· 减少不健康的多糖多脂食物的摄入。除了偶尔吃一些之外，可以吃一些健康的零食。不要喝碳酸饮料。

健康零食的搭配：
· 芹菜和花生酱
· 燕麦片
· 低脂或脱脂的水果酸奶
· 核桃
· 水果
· 爆米花

## 一点一点地开始健康饮食

改变饮食习惯是很难的，一个在任何时候只吃健康食物而其他什么都不吃的计划肯定会失败。你可以考虑一点一点地改变饮食习惯，例如：

◎ 用蔬菜替代薯片。

◎ 慢慢地喝一杯健康的早餐果汁，而不是狼吞虎咽地吃含糖麦片。

◎ 用一杯低糖的冰茶替代碳酸饮料。

◎ 在全麦面包上涂花生酱，而不是黄油、果酱或巧克力酱。

◎ 放学回来后，用煮鸡蛋来代替饼干。

**远离烟、酒和药物。**良好的健康也取决于远离有害的物质,如烟、酒和药物。

> **你知道吗?**
>
> ### 抑郁的青少年吸烟的比例更高
>
> 已有证据表明,吸烟可能在抑郁之前发生,也就是说,事实上吸烟增加了抑郁的可能性。❶

当人们抑郁时,有时会借助这种物质试图排除那些让他们感到伤心或愤怒的感受和想法。然而,烟草很危险,是公认的肺癌引发因素。酒精实际上是一种镇静剂,它对于低落的心情并没有帮助,它还会导致依赖或问题行为,而这会给一个人的生活带来更多的困难。尽管在某些地方大麻是合法的,但这对于青少年来说仍然是欠妥的,因为青少年的大脑在发育,甚至20岁以后还在继续发育,吸食大麻会降低判断力,对学习、记忆和身体协调性都会产生不利影响,也会导致抑郁。事实上,在那些用大麻来应对抑郁想法的青少年中,可能会产生让抑郁的症状更糟糕甚至激发更严重的精神疾病。❷

---

❶ Steuber,T.L.& Danner,F.(2006).Adolescent smoking and depression:Which comes first?*Addictive Behaviors*,31(1),133-6.

❷ Meier, M. H. ,Caspi, A. , Ambler, A., Harrington, H., Houts, R., Keefe, R. S. E., ...Moffitt, T. E. (2012). Persistent cannabis users show neuropsychological decline from childhood to midlife. *Proceedings of the National Academy of Sciences* 109, No. 40, E2657-E2664.

### 你的健康报告单是怎样的？

| 行为 | 评分<br>E= 非常好　S= 满意<br>N= 需要改进 | 对今后的建议 |
|---|---|---|
| 睡眠 | | |
| 锻炼 | | |
| 饮食 | | |
| 远离有害物质 | | |

当你通过保证充足的睡眠、进行体育锻炼、健康饮食来照顾好自己的身体时，你的这些努力会直接影响你的幸福感。健康的身心关系需要一个健康的身体！但是，保持这些健康的习惯可能还不够，放松对减轻压力也很重要。

**放松。** 放松的目的是让你的身体和你的内心平静下来，从而减少压力和紧张，控制你的情绪。

有几种方法可能有助于你得到放松，比如引导想象、深呼吸、冥想和渐进式肌肉放松等。下面分别简单介绍一下。

**引导想象**是通过形象化的技术，让心灵充满令人愉快的想象方法。有些手机软件可以通过讲故事或描绘来指导你，你也可以在视频网站上找到一些形象。或者你可以写下你自己的引导想象脚本，记下来或记住它，例如：

闭上眼睛，想象树林中的一条小路，沿着小路通向一座陡峭的小山。在你的右边是一条安静的小溪，你能听到它冲刷石头的声音，你也能听见树叶在你脚下咯吱作响。就让你自己"待在"那里，你有时间去注意那里所有的东西。阳光穿过枝叶照下来，当你走过树下斑驳的光点时，你感觉脸上暖暖的。在山顶的附近有一棵大树，你决定在树下休息一会儿。当你穿过枝叶往上看时，你想到这棵树一生的经历：任你去了又来，它会一直在这里；任凭风霜雨雪，它都安静地伫立在这里；冬天它变换了样子，秋天它改变了颜色，春天它发出了嫩芽。但是无论世界如何变迁，这棵树还是这棵树，它会一直存在于你的心中，在你需要靠着它休息一下时，它一直会在那里。

---

### 写下你自己的引导想象脚本

1. 选择一个你喜欢的安静的地方，比如海边或山上。
2. 用尽可能多的感觉去描述你喜欢的细节。你能看到什么？闻到什么？听到什么？
3. 以一种对你有意义的方式来描述你在这个地方的体验。

---

**深呼吸**训练可以帮助你放松，使你平静下来，会让头脑中无益的想法渐渐消失。

举一个例子：

把注意力集中在你的呼吸上，绵长而顺畅地吸气和呼气。闭上双眼，试着在每次吸气时慢慢地数到七，呼气时数到八，每次呼出全部的气体直到你感到肺完全排空。如果你的注意力被噪声或其他想法分散，提醒自己不要关注它们。如果在呼吸时你忘记数到几也没关系，重新再从吸气数到七、呼气数到八开始。这样重复至少三到五次。

另一个例子：

仰面躺下，双膝弯曲。把一只手放在肚子上，另一只手放在胸口。当你吸气时，想象你在往肚子里的气球打气。你的手会随着肚子的充气往高涨，胸口上的手不应该涨太多。在你呼气时，让你的"气球"慢慢地变平。在每次的"气球"呼吸中，你会感到自己越来越放松。

第三个例子，加入一些可视化的形象：

闭上双眼，想象你吸进去的气是红色的，呼出来的气是蓝色的。想象呼吸是怎样进入你的鼻子、喉咙和肺里的，呼出的空气又怎样从同样的途径出来的。注意空气在这个过程中是如何形成一缕缕的、漩涡状的和云一样的形状的，以及它是如何不断变化的。

**冥想**是通过把注意力从现实生活中的烦恼和无用的想法中转移开，建立一个安静的内部状态和一个安静的精神世界。冥想需要一个安宁而平静的地方，但是只需要10分钟或15分钟，把注意力集中在某些事上。下面有一些常见的冥想练习方法。

- 重复单词或发音：试着重复一个简单的发音，比如"om"。以"啊"音开始，逐渐把嘴变成"o"的形状，然后闭上嘴。留意这个声音是如何变化并开始转向你的内心的。这个方法可以与深呼吸相结合，在说（或想）"om"时同时呼气并数到七。

- 积极评价自己：选择你所相信的。例如，你可以重复说："我个人的核心思想是，我是强大的，我是平静的，我是安全的。"可以大声地慢慢说三遍。

- 烛光冥想凝视法：尝试凝视一个蜡烛的烛光或噼啪作响的火焰。但要注意火焰处于一个安全的地方，而且周围没有可燃物。凝视火焰，让它带你进入内心深处。

·散步冥想：你可能会尝试散步冥想。在外面找一个安全舒服的地方散步，以深呼吸开始，去感受你的身体。以一个正常的速度开始，集中注意力在你的内部体验上。如果你的注意力转移到其他景象或想法上，就重新聚焦于在你散步时你的身体感受的细节。留意你的脚的感觉，你的腿左—右移动的节奏，以及你的手臂的摆动。在你注意身体的每个部位时，释放紧张感，保持平稳的吸气和呼气，重要的是把注意力放在你的身体的感受上。

❖ **想一想**：很多人认为，在无聊时就暗示着要去找一些事情做了。

珍惜零碎的闲暇时间，用来反思、观察和减压。

**渐进式肌肉放松**是一种通过系统地帮助肌肉释放紧张而达到放松的方法。

绷紧和放松每一个肌肉群去释放紧张感。从头部开始逐渐往下做，或者从脚趾或手指开始往身体的中心移动。记住要包括脸部的肌肉，要在每个肌肉群上慢慢地进行。保持肌肉紧绷几秒钟，然后进行放松，留意这样做时是如何释放紧张感的。

**催眠**通常包含了几种放松的方法，但也会用到其他技术。你可以向专业的治疗师学习自我催眠，或者你可以尝试一下手机催眠软件。

**主动放松**是用运动作为放松方式的一种方法。如前所述的放松方法是有作用的，尤其是在晚上上床睡觉时，有时更为主动、直接的放松在白天也是有帮助的，你可能会考虑练习瑜伽或太极拳来帮助自己集中注意力和放松。

各种具体的放松方式都是你在日常生活中的有益补充，

你也可以通过其他方式休息一下。你喜欢什么？通过画画、阅读、做手工、听音乐或玩游戏来放松。当你投入到喜欢的活动中，你就找到了生活的平衡。当你每天留给自己一些时间去做一些放松的事情时，你可以更好地管理你的众多责任和压力。

你的身体健康和幸福对你的情绪有很大的影响。通过健康饮食、锻炼身体、保证充足的睡眠和学习解压的策略，可以帮助你照顾好自己的情绪健康。如果你以前忽视了这些，现在是个好机会来照顾好自己了。

### 写日记的方法

尝试一个放松的方法，做三次，记录你的反应；然后再尝试另外一个或两个方法。选择对你最有帮助的方法，然后每天都坚持做，坚持几个星期，连续做记录。

### 概括总结

1. 通过获得充足的睡眠，规律的运动，健康的饮食和远离吸烟、喝酒等已被证明有助于降低抑郁的方式来照顾好自己。

2. 有很多可以让自己平静的放松方法，包括引导想象、深呼吸、冥想和渐进式肌肉放松等。

3. 主动放松是用运动作为放松方式的一种方法，包括瑜伽和太极拳这样的活动。

# 第 9 章
# 发挥自己的优势

人们倾向于关注自己的弱点，这并不奇怪。当我们制订计划时，我们通常会选一个需要改进的方面，尽管这样并没有错，但更重要的是对自己的优势的评估。当你抑郁时，你更可能过于关注那些你做得不好的方面和出现的问题，而忽视了你擅长的和积极的事情。你可能很容易记忆起头脑中的那些消极思想，但在问自己"擅长什么"时大脑却一片空白。

## 评估自己的优势

如果上面所说的情况和你很像，你可能需要通过评估自己的优势来形成更平衡的（和更精确的）内心思想。记住这样做并非是只关注你完美的那一部分，而是聚焦于可以帮助你认可自己的那些你欣赏和喜欢的部分。下面有一些你可以开始这样做的想法，从这些想法中你可以挑战一下自己，确定至少五个自己的优势。

**你有什么技能？** 你首先想到的可能就是别人问你擅长什么。如果你有抑郁，你可能马上会向相反的方向想这个问题，会想你不擅长什么。但是要去对抗这种自动化的反应，你需要花些时间去考虑你有哪些技能。

· 你在学习上有哪些方面做得不错？要具体。不要只是列出如英语、生物、学习技巧（如阅读或写作）等这些简单内容，要想一些更概括性的能力，比如熟记数据或执行项目，要有思想、有好奇心或者想法有创意。

· 你有什么爱好？你会做哪些活动和有趣的事情？当你在做这些时你会用什么样的技能？同样，要具体。如果你做运动，你最好的技术是什么？除了像跑得快这样的能力，也可以包括像对周围发生的事情保持警觉这样的技能。你会乐器吗？你会写歌词或唱歌好听吗？你有很好的节奏感或对音乐的敏感性吗？如果你喜欢搭配衣服，你对衣服颜色或比例的感觉很准吗？

> ❖ **想一想**：告诉别人你比他们做得好是自夸。
> 告诉你自己你做得好是自信。

**你有哪些性格上和情绪上的优点？** 现在关注的是，你是什么样的人，包括你天生的特质或随时间发展出来的个人品质。值得强调的是，你并非在这些具体的技能上是最好的，而是当你需要时你能不能发现并使用这些技能。

· 你的天赋是什么？你聪明吗？你在哪些方面是否有天资？你有创造力吗？你有运动才能吗？你了解自己吗？你有洞察力吗？

· 你拥有的可以帮助你应对要求和压力的能力是什么？当需要时你会展现出自我控制的能力吗？你有常识和很好的判断力吗？当问题出现时你能否正确看待它们？你是一个善于解决问题的人吗？你勤奋吗？你会自嘲吗？

· 你在哪些方面会表现出自律？（如果你演奏乐器，当然这是一项技能，但是在你练习时也可以展现出自律。）你能有效制订计划吗？你有条理吗？你能有效管理自己的时间吗？你有执行力吗？你能找到那些一开始困难但你会坚持去做的活动吗？（即你有坚韧的品质吗？）

**你有哪些人际技能？** 对别人体贴并宽容是一个人重要的能力，能够影响你生活的很多方面。和别人和睦相处也是非常复杂的，没有人能总是做到最好。花些时间想一想，在你和别人的相处中，让你最满意的时候你是怎么做的。

· 别人对你有什么样的感觉？你友好吗？和你在一起有

意思吗？你有幽默感吗？你体贴且关心人吗？你体贴并善良吗？你会为别人慷慨地付出时间吗？你可靠吗？

・你和别人的交往怎么样？在持有不同观点和别人辩论时你能尊重对方吗？你会为自己辩护吗？当别人说话时你能认真听吗？你能容忍别人的缺点和不同吗？

・你和别人（朋友、家人、你的团体）联系密切吗？你会花时间和朋友们在一起吗？和成年人呢？和老年人呢？你和别人在一起共事时顺利吗？

**你有个人指南针吗？** 当遇到生活中的选择、挑战和问题时，拥有个人指南针可以让你清楚地知道什么对你是重要的。你的价值观可以在面对来自外界的压力时给你自信，并指导你建立一个有意义的人生。

・你能清楚地认识自己的个人价值观吗？精神世界对你来说重要吗？你有信仰吗？你做的选择反映了你的价值观吗？你有个人指南针来指导你的选择吗？你知道生活的哪些方面对你来说最有意义吗？你是否花时间去反思你所拥有的天赋和才能？

> ❖ **想一想**：一个好的水手有一张地图，一个指南针，还有一个心中的目的地。
>
> 评估对你来说最重要的是什么，避免因小失大，偏离航道。

**你会欣赏美吗？** 能够意识到并融入那些由于美感而让你愉悦的环境中，这是一个很独特的长处。在充满诱惑和压力的繁忙世界里，只是单纯地因为美而去欣赏的重要性是很容易被忽略的。花些时间想一想在你生活中特殊的和感人的事情。

- 你会欣赏美吗？你喜欢出去融入大自然吗？你喜欢欣赏音乐吗？你喜欢欣赏艺术吗？当有创造力时对你来说是一个愉快的体验吗？你喜欢设计东西吗？你欣赏佳句和巧妙的双关语吗？歌词会给你带来心情舒畅的影响吗？你喜欢美食吗？

## 我的个人优势

花时间写一个自己个人优势的列表，这是一个你认可自己的重要步骤。

我的技能和才干：_____
_____

我在性格上和情绪上的优点：_____
_____

我的人际技能：_____
_____

我内心的个人价值观：_____
_____

我的艺术品位和审美感：_____
_____

另一些我可以更关注的优点：_____
_____

## 如何发挥自己的优势

**注意你的语言。** 在你思考自己的优点和缺点时，想一想你是否倾向于采纳对自己的负面看法。注意你在思考时所使用的语言，通常，你看作是缺点的而在另一面反映的是优点。比如，很常见的是那些交朋友慢热型的安静的孩子，当他们把这个特点贴上缺点的标签（不健谈、无趣）时，实际上这可能反映的是一个优点（善于倾听、体贴、善解人意、矜持）。

你给自己贴上的批评性的标签更可能是一种极端的看法而不是事实的情况。你是否会因为不在学习成绩最好的班里或没拿到最高的分数而告诉自己你不是一个好学生？你是否考虑过你在功课方面的进步或你的成绩的提高？看看有什么办法可以重新改变你的语言。

---

### 重新思考你的"消极"的性格特点

找出一个让你烦恼的个人特点。质疑自己，考虑自己的这个特点是否有积极的一面或有其他的长处。或者这个特点并不完全像你想的那样符合你？你能不能想到在什么时候你的表现是和这个特点相反的？下面是每个问题的例子：

- 让你烦恼的个人特点是什么？
  我不能接受批评。
- 关于这个特点，具体是什么让你烦恼？
  我觉得不舒服，会认为自己不够好。
- 关于这个特点，你希望自己是什么样的？
  我希望并在乎自己表现得好。
- 如果这个特点完全消失了，你会失去什么吗？
  我想如果我一点儿都不在乎批评，可能意味着我也不会这么努力了，因为那样我就会根本不在乎别人的看法。

◎ 在什么时候你不会那样表现或那样想?
当批评确实有帮助的时候,我就不会那么介意了。

**关注积极的事情。**"消极的选择性注意"既可导致抑郁,也可能是抑郁的原因。没有人能在所有时间关注周围发生的所有事情,在任何一天我们都在做出大量的选择,而在做选择时往往并没有完全意识到去关注什么和忽略什么。如果你更多地关注生活中的消极事情,就可能会导致抑郁。同时,如果你抑郁了,对你自己或你的生活感到不快乐,你会倾向于寻找(选择性地注意)那些支持你的看法的证据。在你知道这些之前,你已经跳进了我们在第 3 章中谈到的抑郁的怪圈。

重新把你的关注点放在生活中的积极方面,其中一种方法是记录每天发生的顺利的事情,这些事情并不是必须要像你获奖了或者你和喜欢的人约会这样的大事。这种方法是帮助你更多地关注那些生活中你已经习以为常的好事,可以包括像下面的这些事情:

- 我在课上举手回答问题并且答对了。
- 我在音乐课上表现不错。
- 我喜欢的一个孩子冲我微笑了。
- 外面的花开了,真漂亮。
- 我看了一个好玩的视频。
- 我们吃了我最喜欢的饭。
- 我在做的艺术项目很酷。
- 我喜欢我正在读的这本书。
- _____ 询问了我关于 _____ 的意见。

下面有一个真实的例子，可以帮助你理解重新把注意力放在积极的事情上能带来的巨大影响。

杰克逊认为自己总是让别人失望。他在学校的成绩还行，但是似乎他永远拿不到别人认为他应该得到的分数；他有时不写作业，到了要做其他事情还要补作业的时候，他感到压力很大，不知所措；他是一个好运动员，但是他不喜欢练习，无法投入；他的父母似乎总是事事针对他，他顶撞父母之后又会感到内疚。他经常认为自己就是一个十足的失败者。

杰克逊最喜欢的老师，也是他比较信任的人，建议他记录每天发生的小的积极的事情。杰克逊觉得这不会有什么帮助，但似乎做起来也不难，所以他尝试做了。他开始在每周三的午饭时间和老师见面时给老师看他的记录。刚开始，老师还要提示杰克逊可以包括的积极的事情。两个星期后，杰克逊对此开始感兴趣了。他的记录包括很多事情：他帮朋友排忧解难，他在戏剧课的短剧里表演很成功，他得到了英语老师对他写作技巧的表扬，他帮父母解决电脑故障的问题。在记录生活中的积极事情过了几周后，让杰克逊感到惊讶的是，他对自己的看法发生了巨大的改变，他对自己感到更满意了。

> ❖ **想一想**：我们每天都在记录着自己的回忆。选择记住那些能突出自己优势的事情。

**积极地投入**。越投入的人往往越快乐。这是什么意思呢？投入意味着积极参与，不仅仅是单纯地做事而是被真的吸引，包括你热爱的和感兴趣的事情，或者你能从事情本身获得满足感。积极参与可以发生在活动中，也可以是和人们在一起时的表现。变得投入会帮助你在情绪方面的表现上更坚强。

你可以通过参与你非常感兴趣的新活动，把更多的时间或精力花在你真的想做的重要活动上，或仅仅是更有活力、更专注地和周围的人进行互动，这些都会让你变得更加投入。

乐于助人是一个非常有意义的投入形式，对于帮助和被帮助的人来说都是！在本书之后的内容中，我们会谈到实际上当你求助于他人时，他们通常是乐意的；反过来也一样。你可以积极地帮助别人，比如在你的学校接受一份志愿者的工作或者参加一个慈善活动。你也可以从小事做起去帮助身边的人，你可以通过对自己的承诺，每天做一件或更多的事情帮助别人，来获得满足感。

## 你怎样帮助别人？

你通过做什么事去帮助别人呢？之后你有什么感受？你想要多做哪些事情吗？

当你帮助别人时，不要忘记从小事做起。

例如，你可以列一个像下面这样的清单：

· 整理橱柜——当爸爸妈妈看见他们没要求我而我主动做时，我感到高兴。

· 主动和学校里新来的同学说话——她人很好，似乎特别高兴有人接纳她，这真让我兴奋！

· 告诉妹妹，我喜欢她的头发——当她听到这个消息，她似乎真的很高兴，我也很高兴。

帮助别人的感觉非常好，但是投入意味着比帮助他人更多，意味着要做对你而言重要的事情。当你参与到重要的活动中时，你就能提高合作的技能和获得成就感。你参与的活动可以是互动性的（如加入运动队或表演话剧），也可以是你单独做的事情（如写诗、画画或做东西），还可以是介于两者之间的（如烹饪）。你对热衷的活动参与得越多，就越会成为你生活中的一部分，你也越容易获得满足感，这样你就会做更多的让你感到快乐的事情，也会让你在面对挑战时更具有韧性。

**给自己重要的评价。**你可能觉得发现别人的优点比发现自己的更容易一些；或者你可能只是短暂地认可自己的优点，然后很快就转移到关注生活中的压力了。现在你需要花些时间去考虑自己的积极品质了，花时间和精力以一种坚决强调的方式提醒自己这些优秀品质。可能你在做下面的练习时会感觉有点儿不自在，没关系，不论怎样试试看，你不需要告诉任何人。

### 实话实说

站在镜子前面，直视自己的眼睛。用"你"或者你自己的名字，对着镜子里的自己说话，就像是和另一个人在说话，告诉镜子里的自己你拥有的几个优点或积极品质。每天尝试做一次，坚持一周。这样做会让你觉察到你喜欢自己哪些方面吗？这些积极的品质准确地描述了你自己，你变得更加自信了吗？你能通过发现自己的重要性而获得更大的自我欣赏感吗？❶

**心理韧性的重要性。**所有这些让你看到自己的优点的做法，有助于你更有能力去应对压力，而且也能更好地去生活！通过更了解自己的优点并以此为基础，关注积极的方面，加入那些你热爱的活动中，都可以提高你的心理韧性。记住，

---

❶ Starchesky, L. (2014, October 7). Why saying is believing: The science of self-talk. *NPR*. Retrieved from http://www.npr.org/blogs/health/2014/10/07/353292408/why-saying-is-believing-the-science-of-self-talk

心理韧性是当你被打倒时，反弹回来的能力。你越具有心理韧性，你就越能处理生活中的问题，在逆境中保持韧性，当你气馁时坚持下去，抛开失望。

如果抑郁的怪圈向消极的方向旋转，会导致恶性循环。要让这个怪圈向积极的方向循环，有一种方式是改变你与自己的内心对话。赞美自己的优点和技能，知道自己是谁，什么对自己重要，认可自己的积极品质，这些都将有助于你对抗抑郁，避免陷入抑郁的怪圈。

### 写日记的方法

听起来这很简单，但是做起来特别有效！记录一天中顺利的四件事，不要局限在大事上。这样做的目的是让你既能发现生活中顺利的更大、更明显的事情，也能发现那些进展顺利的小事和每一件事。

### 概括总结

1. 如果你有抑郁的倾向，可能是你过于把注意力放在你不喜欢自己的地方，而对你擅长的事关注太少。不过通过发现你的优点，你就会了解到你所拥有的那些可以让你面对挑战的资源。

2. 重要的是，你要知道对你而言什么是最重要的，那些不论是短期目标还是长期目标都重要的事情。这些核心价值观将作为个人的指南针来指导你成为你想要成为的那种人。

3. 投入意味着积极地参与其中：投入到活动中，投入到和其他人的互动中，投入到你的世界中。积极投入的人往往更不容易发生抑郁。

4. 发现自己的能力和资源，有助于你在面对挑战时更具有韧性。

# 第 10 章
# 发挥团队的力量

除了你的个人优势，你和别人的关系也有助于你渡过难关。在你的生活中，人们可以通过倾听、提供帮助、给你指导、庆祝你的成功、提醒你有多棒等来为你提供支持。

朋友和家人对你的想法、感受和行为有很大的影响。顺便说一下，这里所说的朋友，不是指类似脸书的这类朋友，我们说的是真正的朋友，那些花时间和你在一起、和你经常聊天的人。其他青少年、家人以及你信任的成年人，对你如何看待自己、如何看待自己的生活、如何处理人生路上的坎坷，都有着重要的影响。

但是当你抑郁时，你可能会变得退缩。实际上，你可能会躲避那些恰恰可以帮助你减少退缩行为的人。试着花些时间考虑一下你的社会支持系统，并从小方面开始实践。首先，想一想当出现问题时，你可以信任谁以及谁会支持你，这个名单可能会包括父母、朋友、兄弟姐妹、老师、教练、领队、邻居或一个精神领袖。

## 确定谁可以支持你

列出一个在事情不顺利时你可以获得支持的人员名单。然后，再写一个曾经激发你的抑郁的想法、感受或行为的不同类型问题的清单。每个人的清单可能都是不同的，一个有代表性的例子可能包括：
- 和朋友打架
- 父母说你不能做某件事
- 某件事做得不好
- 不喜欢镜子里的自己
- 被忽视

- 和朋友分手
- 家庭问题

现在，在每个类型的问题后面，写下在你的支持人员名单中，哪个人是可以在特定的情况下给你提供支持的。试着不要去想你向他们求助会感到不舒服，我们一会儿再讲这个问题。

例如：

和朋友打架。——爸爸（爸爸会帮我找到我的这种行为的源头，并帮助我看清问题。）

父母吵架让我很崩溃。——莎拉（莎拉知道我因为这件事压力很大，我可以信任她，和她说一说这件事对我的影响。）

看看你自己的清单。你觉得你的社会支持清单太短了吗？可能这就是一个重要的线索，说明你需要花更多的时间来建立关系了。很难想象出在你的支持人员名单中谁可以就特定的问题提供帮助吗？可能这也是一个信号，表明你需要更深入地了解在你的生活中对你而言重要的人，但也可能意味着你不知道如何去获得支持或不愿意寻求帮助。

## 如何获得支持

如果你觉得自己需要提高从别人那里寻求支持的能力，首先要记住很重要的一点，即大多数人是真的喜欢帮助别人。帮助别人会让人们感到他们被信任，有能力，在做有价值的事情。这不仅适用于青少年，也适用于所有年龄段的人。此外，当一个人帮助别人时，常常会增进他们之间的感情。所以，寻求支持本身也有助于建立更牢固的关系。

即使知道这些，告诉别人你的心情不好或者你面临的问题也是有困难的。如果你不习惯寻求支持，开始时可以慢慢来。可能有些人只是陪着你就会对你有帮助；朋友可能会帮你转移注意力，你就不会反复去想不高兴的事或者开始做一些高兴有趣的事；成人可能会给你一些反馈意见，让你看到那些对你有利的事情。

更进一步，你可以告诉某个人什么事情让你不高兴了，但是不要像开玩笑那样说，如果你那样说，别人可能也会以开玩笑的方式回应你，这样可能会让你感到更受伤害。例如，如果你被一个大的团体忽略了，觉得不知所措，你可以试着说："我不想去跳舞了，因为那里是小团体。"看看这样说是否会导致有朋友也分享他们被忽略的经历；或者和一个老师说，他会告诉你一些办法怎样去加入一个团体；或者和父母说，他们会提醒你也有其他孩子和你遇到的情况差不多。

一旦你通过这些小的事情积累了一些获得支持的经验，你可能会更进一步，开始分享那些真正让你烦恼的事情。如果你和大多数的孩子一样，你可能会惊讶于仅仅是告诉别人你抑郁的这件事就有多大的帮助。别人可能不能解决这件事，但是你知道他们支持你对你就有帮助。

**加强你的社会联系。**常见的是朋友之间产生了矛盾会触发抑郁，有时这可能是和老朋友之间的问题，但结交新的朋友也可能会触发抑郁。让事情更糟的是，当你抑郁时，通常会表现在你的面部表情上、你的身体姿势上，甚至表现在你的穿着打扮上，而这可能让那些其实正是你想认识的孩子远离你。如果你常常感到孤独，你可以采取一些措施去和其他青少年发展新的或更深的交往。

> ❖ **想一想**：爱护友谊是照顾好自己的一种方式。
> 去联系那些对你而言重要的人。

**结交朋友。**交朋友的艺术并非简简单单的,下面有一些建议,希望对你有帮助。

· 与那些和你有共同兴趣的人交朋友。

注意不要因为没和那些受欢迎的群体一起做你不喜欢的事情而自责。如果你喜欢烹饪或阅读,考虑去上烹饪课或加入一个读书社团。如果你没什么特别的兴趣,参加一个社团或活动可能会帮助你发展出一个兴趣,还会遇到那些也在学习新东西的人。

· 交朋友需要友善。

这不意味着你的性格需要特别的开朗外向,但是你需要和别人分享你的想法、经历和兴趣。你需要迈出的第一步就是展现出友好的笑容。

· 交朋友意味着冒险。

为了能从点头之交到成为朋友,你不能总是等着别人来推进友谊的发展,因此你要邀请别人以使你们有机会在一起。如果你比较害羞或者你以前有过这样的问题,你可能会有些害怕这么做,通常最简单的是邀请别人一起做些事情,这样可以减轻没话找话的压力,看电影或玩游戏就是这样的例子。同时,非常重要的是,如果有人因为忙而拒绝了你的邀请,他们很可能真的就是因为忙,不要把这个当作他们不想和你成为朋友的信号,再试一次!

· 交朋友需要对别人的情绪敏感。

记住,在学校里或你居住的地方,你并不是唯一一个感到孤独想要交朋友的人,其他孩子可能也会非常高兴有人想和他们交往。小心你对主动表示的犹豫会让别人产生敷衍的印象。记住其他人可能也缺乏安全感,需要鼓励。

> ❖ **想一想**:建立牢固的朋友网需要时间和努力。
> 你想要什么样的朋友,你自己首先要做到。

**维系友谊**。在青少年时期交朋友很重要,你也想把精力放在维系友谊上。如果你有抑郁的倾向,你可能会发现有些时候你回避了朋友们,或者你的情绪导致你做出的一些行为让那些和你亲近的人对你产生了误会。如果你感觉这正是发生在你身上的,考虑一下需要采取的补救措施。

- 如果你以前退缩、回避或不和朋友在一起,试着和你觉得可能无意中忽略的朋友聚一下或特别关心一下他。
- 如果你以前脾气暴或者对朋友不公平了,那就道歉吧。

## 哪些情况需要获得支持

**约会**。除了学校、运动、作业等这些压力的来源之外,约会能带来兴奋,但同时也能带来另一种压力。即使你还没有约会过,与一个"特别的人"的关系也会占据你思想的重要位置,影响你的情绪和心情。如果你真的觉得你还没准备好约会,你可能不得不应对这个决定所带来的直接的和间接的挑战。

当你缺乏自信时,来自这个特别的人的关注会让你振作起来。与此同时,当这个人不尊重你,不尊重你的情绪,或不尊重你的其他需要(如花时间和其他朋友在一起)时,你可能也不会像平常那样自信了。

---

### 你们的关系支持你的积极的看法吗?

和对你来说重要的人度过一段时间之后,你是否:
1. 想知道他们可能喜欢你哪些地方?
2. 认为你们有很多共同点?
3. 相信他们看到了别人没有看到的你的积极一面?

当你度过糟糕的一天时，这个特别的人是否会：

1. 告诉你所有你做错的事？
2. 安慰你说明天是新的一天，会是一个崭新的开始？
3. 指出对你有利的积极的事情？

如果你告诉这个特别的人，你想和你的朋友们一起过周末，他是否会：

1. 生气？
2. 告诉你他会难过但是会没事的？
3. 让你知道有你这么个好朋友他有多高兴？

当你说你自己不好的时候，这个特别的人是否会：

1. 同意你的看法？
2. 反对你的看法？
3. 承认你并不完美，但会告诉你，你的优点远远超过你的不完美？

如果你告诉这个特别的人，你还没准备好和他进一步发展，他是否会：

1. 威胁你要结束这段关系？
2. 表达出一点儿沮丧但是接受你的立场？
3. 让你知道这不会改变你们现在的关系？

如果你大多数的回答是3，你真幸运！你似乎正处于一段可以提供支持的关系中，彼此有很好的共鸣。如果你大多数的回答是1，可能这个特别的人并没有达到给你应该拥有的那种爱的呵护。

**关系破裂**。记住，你正处在一个学习如何在关系中相处的时期，这意味着现在的男性或女性朋友不太可能就是"牵手一生的那个人"，这意味着年轻人常常要不得不应对分手。不仅是男性或女性朋友之间的关系会改变，和朋友闹翻也是很难处理的。

当你抑郁的时候，从一段终止的关系中重新振作起来会更难，这是一个你特别脆弱和被自我批评与歪曲的想法所淹没的时期。求助于朋友或信任的成年人可以帮助你客观地看待事情，以及当你继续前进时这对你意味着什么。

**失去朋友**。在青少年时期，常见的也是比较困难的挑战就是失去一个亲密的朋友或被一群朋友排除在外。有时失去朋友是因为搬家或转学，不过有时是因为兴趣和活动的改变而与朋友们渐行渐远，而通常最痛苦的是，长期的友谊因为冲突或很深的感情伤害而终止了。如果这发生在你身上，你还想要继续保持这段关系，你需要试着和朋友接触看看是否有办法消除分歧，一个道歉可以把友谊拉回正轨，或者其他解决问题的办法可以挽回你的友谊。

遗憾的是，每个人在生命中的某个时刻都会失去朋友。太过努力地去抓住已经要结束的友谊或太多关注于已经失去的友谊，都会让建立新的友谊变得更加困难。面对现实，接受这种失去的经历也是生活中的一部分（尽管是痛苦的一部分），是忘却伤害、继续前行、让自己对别人敞开心扉的第一步。要特别注意，你是如何对自己解读这种失去的。

如果你对失败的朋友关系以及为什么关系会终止有负面的曲解，你可能会产生错误的负面记忆，这种记忆会成为今后友谊的错误脚本。例如，如果一个最好的朋友和别人在一起，你可以接受你们俩不再像你们小时候那样有共同的兴趣了；而如果你从另一个角度设想，这意味着你不能信任亲近的人，你可能会表现得不信任别人，并且会发现在今后结交亲密朋友都很困难。

**有抑郁的朋友。** 有时，青少年不是担忧如何处理自己的抑郁，而是他们的朋友的抑郁。要知道百分之五的青少年会在不同时期经历严重的抑郁，这意味着不管你是否意识到了，你都很有可能认识抑郁的人。如果一个朋友透露他正在经历着困境，你也很关心他，你可能想要问问他是否需要专业的帮助。问这个问题很困难，但如果他确实需要帮助，由你提出来，可能就是他处理抑郁需要做的重要一步。如果他的回答是肯定的，那就帮助他逐一考虑哪个成年人是他所信赖的，鼓励他这样做，并询问他是否需要你给他提供精神上的支持。

**需要维持支持来源。** 你的支持圈子是避免抑郁或从抑郁中恢复的关键因素。当你想到亲近的人时，想一想你有多愿意吐露心扉以及有多想保持隐私。想要隐私没问题，但和别人、成年人或者其他青少年的谈话的经历，可能会给你一个机会弄清楚你自己的想法，并获得一些有用的新见解。同样，想一想你对别人的反应，你是直奔主题提出建议还是能够设身处地地倾听，对别人所经历的表示出同情和理解？

关系中的问题会引发抑郁，但是抑郁也能引起关系的问题。考虑并努力维持生活中人们之间健康和牢固的关系是有好处的。这意味着你要去结交新朋友，也要去爱护和滋养已经建立的友谊。有时管理关系意味着知道如何以及何时让它们结束。通过花时间和精力与生活中对你重要的人建立牢固的友谊和积极的关系，你会建立起牢固的社会关系网，在逆境时给予你支持，在顺境中为你喝彩。

### 写日记的方法

快速记录你和别人的关系。你需要遇到新朋友吗?你会对现在的朋友给予更多的关注吗?你会和老朋友重新联络吗?在困难时刻你有能支持陪伴你的朋友吗?当他们需要你时你会在他们身边吗?当你遇到困难时你能联络生活中的哪些成年人?你需要加强这些联系吗?就改善一个或多个关系的方式写一个文字计划。

## 概括总结

1. 关注你的关系很重要,因为别人提供的支持可以让你更具有情绪韧性。

2. 与那些和你有共同兴趣的人交朋友更容易、更有效,所以对你喜欢的事情更为积极主动是一个好办法。评估自己是否友善以及对别人是否有帮助。

3. 尽管有男性朋友或女性朋友是令人开心的,但也可能是复杂的。关系也可能会带来情绪的挑战。如果一段关系中充满了冲突,那么它对你来说可能就不够健康。

# 第 11 章
# 坚持下去,好好生活

抑郁时的感觉就像你被困在深井里，很无助。抑郁把你包围，让你看不到更广阔的世界，把你同那些你关心的人和关心你的人隔开。你的想法和行为会变得歪曲。把本书所提供的办法想象成能爬出这个黑暗境地的绳梯，仅仅一步是不能把你带到地面上来的。当你开始最初的几步时，出来的路似乎很远，你会觉得这个梯子仍然摇晃得厉害，不过随着每往前进一步，你距离战胜抑郁就越来越近了。在你前进的时候，光明和温暖会鼓舞你继续前行，让之后前进的步伐更加容易。

请记住，你已经了解了一系列可以帮助你回到地面的措施：

- 关心和帮助他人
- 发挥自己的优势
- 照顾好自己的身体
- 使用应对策略
- 要坚定而自信
- 有效解决问题
- 质疑挑战想法
- 改变行为
- 设定目标

不管你是仔细系统地通读了这本书还是仅仅看了看那些让你感兴趣的部分内容，你已经了解到很多关于如何保护自己不受抑郁的影响、如何应对抑郁以及如何战胜抑郁的方法。你可能会尝试一些方法，看看是否对你有帮助。没有计划性地去尝试这些方法完全没问题，但你很可能会发现，如果你使用它们去有针对性地为自己制订一个计划，它们会更加有效。实际上，我们大多数人都会通过计划用其他方式来保护和照顾好我们自己：去医生那里体检或接种疫苗，去牙医那里检查牙齿，制订学习计划，制订假期计划，等等。但是，人们对于积极主动地保持情绪的健康状况（即有计划性）常常被忽视，把这个当作能带你到地面来的绳梯逃生计划。如果你在练习时一直记日记或做笔记，你就已经开始有一个计划了。重新看看你记录的内容，想想有没有其他的想法是你想加到你的计划里的，一定要包括当抑郁的信号（抑郁的想法、行为或感受）出现时你是如何意识到的，可以包括信号本身（如"当我回避朋友时我需要对此保持警觉"），或者你知道的会触发你抑郁的情境（如"当我受到批评时，我知道自己会进行消极的自我对话"）。

当你发现自己陷入抑郁或不知所措时，要有计划地仔细分析和描述所有你经历的想法、感受和行为。要在心里记住，你变得越能够自我觉察，你就越会拥有更多的机会去采取小但有意义的措施，这些措施不仅是战胜抑郁所需要的，对于今后能好好生活和成长也是必需的。

一旦你识别了你的抑郁想法，你就能够理智地去挑战它们。你的想法是歪曲的和不真实的吗？有哪些更现实的想法可以让你振作起来？

考虑一下，你怎样从小的方面或大的方面去改变抑郁的行为。这些问题你能够有效解决吗？你的行为让你的情绪更低落了吗？你躲避那些可以为你提供支持的人或回避那些你通过努力就可以应对的挑战了吗？你可以采取哪些曾经证明有效的应对策略？有哪些新的策略值得一试？

---

**对抗抑郁的 4A 方案：**
预先准备（ANTICIPATE），清晰表达（ARTICULATE），
提出理由（ARGUE），采取行动（ACTION）

预先准备：不要等着抑郁的再次侵袭，你要通过积极主动地制订计划来了解抑郁开始的过程，将抑郁扼杀在萌芽状态。

> 清晰表达：确定你正在经历的想法、感受和行为，这些可能是你陷入抑郁的信号。
>
> 提出理由：质疑抑郁的想法并以更健康和更现实的想法代替。
>
> 采取行动：发挥你的优势并努力加强你的支持系统。改变你的行为，用解决问题和积极应对来改变抑郁的习惯。

当你在努力克服抑郁时，请记住为了减少你在这方面所耗费的时间和精力，你需要用更积极的事情去替代抑郁的想法。不要仅仅把注意力放在抑郁或处理生活中的问题上，记住要真正战胜抑郁并好好生活，你必须要关注生活中美好的事情。可以庆祝小小的胜利，而不仅仅是生活中重大的成功。和家人或朋友在一起，甚至是只有你一个人时，为美好的时光感到快乐吧，去关注那些生活中习以为常的但可能被你忽略了的好时光，为自己特殊的才能、能力和优点而感到自豪和自信。

## 写日记的方法

仔细看看你之前做练习时所记录的日记和笔记，想想在你抑郁时哪些方法对你最有帮助。哪些方法能帮助你避免恶性循环？哪些方法能帮助你培养韧性？制订一个计划，用来提高自己的韧性，并作为提示自己在今后对抗抑郁的方法。

# 附 录

## 抑郁的诊断

《精神障碍诊断与统计手册》（第五版）(Diagnostic and Statistical Manual of Mental Disorders, Fifth Edition) 描述了很多抑郁障碍。其中常见于青少年的有：

**抑郁心境的适应障碍** (Adjustment Disorder With Depressed Mood)。几个适应障碍会因特定的压力发生，其中之一是抑郁心境的适应障碍。对于像关系破裂、自然灾害、疑难疾病等这样的压力，有很强的反应是很常见的。但是你的反应应该与压力相匹配，不会对你的社会和学习功能造成干扰，而且在有压力的六个月内应该平息下来。如果在有压力的三个月内，你的心境低落，悲伤流泪，有绝望感，或如果你的苦恼与压力不成比例，明显干扰了你的生活而且在六个月内没有好转，那么你可能患上了适应障碍。这无疑是最常见的一个抑郁诊断。

**持久性抑郁障碍（恶劣心境）**[Persistent Depressive Disorder(Dysthymia)]。持久性抑郁障碍的特点是持续一年中大多数时间的抑郁或高激惹心境，没有症状表现的时间不超过两个月。如果你长期感到悲伤或脾气暴躁，你可能会已经习惯了意识不到你的情绪是个问题。有这种障碍的青少年可能由于误入歧途的尝试去阻断或抑制他们的情绪，而被酒、烟或非法的物质所吸引。事实上，这可能是为什么你去看医生的原因。一旦你得到恰当的诊断，你就会学习更安全和更可靠的方式去管理你的情绪。

**经前期烦躁障碍**(Premenstrual Dysphoric Disorder)。显然，经前期烦躁障碍只发生于女性。尽管女性几乎普遍会体验到一些轻微的经前期变化，有经前期烦躁障碍的女孩会有情绪多变、易怒、焦虑和紧张的问题以及一个行为和身体的症状，所有这些都会消失，然后在下个月会再次出现，并对学业、工作和社会功能造成明显的影响。约有不到百分之二的女性会有这种障碍。在诊断之前，你的医生会让你至少在两个月里记录你的症状。

**重度抑郁症**(Major Depressive Disorder)。重度抑郁症在青春期相对常见，在青少年时期最为普遍。如果你一天中的大多数时间出现抑郁或烦躁的情绪，丧失兴趣或愉快感，几乎每天如此，且持续至少两周，就要考虑这个诊断了。通常还会出现疲乏和睡眠紊乱的状况。由于一些人在患上重度抑郁症后会自愈，医生会想了解你过去出现类似症状的经历。不论这是你第一次出现抑郁还是之前有过发作，大多数人会因治疗而得到好转。

药物或其他物质对少数的抑郁案例有效，你的医生可以和你讨论药物反应比较好的抑郁。另一种障碍需要提一下的是：双相和相关障碍（major depressive disorder）。这些在分类上与抑郁障碍的症候群相区别，和躁狂的表现也有差异。

## 双相和相关障碍

双相和相关障碍相对不常见，尽管你可能常常听到人们反复提到这个词。双相障碍的一个典型特征（还有几个变种）是躁狂的行为。躁狂以异常而持续的欣快、高涨或易怒的情绪为特点。有这种情绪变化的人可能会出现活动增多、睡眠减少、行为莽撞、自我评价过高、说话声音大、语速快，同时伴有或出现思维奔逸。这些行为的改变不是日常生活中青少年的兴高采烈，他们真的很容易看出来，而且会严重干扰生活。躁狂可以与抑郁交替出现或单独出现，而且情绪的转换可能是非常迅速的。患有双相障碍的人得到治疗是至关重要的，治疗通常由一组专家团队来进行，包括可以开药的精神科大夫。